地球科学概论

蒲济林　李永嵩　主编

中国出版集团
现代出版社

图书在版编目（CIP）数据

地球科学概论 / 蒲济林，李永嵩主编. -- 北京：现代出版社， 2016.4 （2025.7重印）
ISBN 978-7-5143-4782-1

Ⅰ. ①地… Ⅱ. ①蒲… ②李… Ⅲ. ①地球科学—概论 Ⅳ. ①P

中国版本图书馆CIP数据核字(2016)第063591号

地球科学概论

主　　编　蒲济林　李永嵩
责任编辑　陈世忠
出版发行　现代出版社
通讯地址　北京市安定门外安华里504号
邮政编码　100011
电　　话　010-64267325　64245264
网　　址　www.1980xd.com
电子邮箱　xiandai@cnpitc.com.cn
印　　制　三河市佳星印装有限公司
开　　本　710mm×1000mm　1/16
印　　张　14
版　　次　2016年6月第1版　2025年7月第3次印刷
书　　号　ISBN 978-7-5143-4782-1
定　　价　48.00元

前言

这是一本集地球科学基本概念和基本理论、当代地学理念及趋势为一体的、为当代大学生进行素质教育而编写的一本教材。

为满足现代教学需求，本书以地球系统科学这一新的科学理念和地球观来着重阐述地球科学的基本知识和基本理论，探讨地球各子系统的特点、规律及它们之间的相互关系，结合现代人类对地球的认识过程，讨论了人类关注的环境、资源（能源）与灾害等社会问题。

地球科学是一门研究领域广、分支学科多、理论与应用紧密结合的学科体系。本书作为高等学校学习地球科学的入门教材，较详细地介绍了有关地球科学的一些基本知识、基本概念和基本原理，主要介绍了地球在宇宙中的位置、地球的物质组成、地质年代和地质作用、地球的外部圈层、地球的内部圈层、地球上的水、风化作用与荒漠、黄土、环境与地质灾害、中国的自然地理环境特点、地球的起源和演化等内容。

本教材由蒲济林（甘肃有色冶金职业技术学院）和李永嵩（甘肃有色冶金职业技术学院）主编，编写分工如下：蒲济林编写项目一至项目七，李永嵩编写项目八至项目十一及实验内容。全书最后由蒲济林统稿。

在教材编写过程中，参考了大量国内出版社的同类教材；编者所在院校的领导和同事也给予了大力支持和帮助。在此，一并表示感谢。

限于编者水平，书中可能存在错误或不妥之处，敬请读者批评指正。

编者

2016年2月

目录

项目一　绪论…… 1

任务一　地球科学的概念、研究对象和内容 …… 1

任务二　地球科学的研究方法 …… 2

任务三　地球科学在经济和社会可持续发展中的战略地位 …… 6

任务四　地球科学概论课程的任务和基本要求 …… 8

项目二　地球在宇宙中的位置…… 9

任务一　恒星和星系 …… 9

任务二　银河与银河系 …… 13

任务三　太阳和太阳系 …… 16

任务四　月球和地月系 …… 20

任务五　地球 …… 24

项目三　地球的物质组成…… 30

任务一　地球中的元素 …… 30

任务二　地壳中的矿物 …… 33

任务三　岩浆岩 …… 38

任务四　沉积岩 …… 43

任务五　变质岩 …… 49

任务六　三大岩石的转化 …… 55

项目四　地质年代和地质作用 …… 57

任务一　相对地质年代 …… 57

任务二　同位素地质年代 …… 59

任务三　地质年代表 …… 61

任务四　地质作用 …… 63

项目五　地球的外部圈层 …… 68

任务一　大气圈 …… 68

任务二　水圈 …… 76

任务三　生物圈 …… 80

项目六　地球的内部圈层 …… 83

任务一　地球的内部圈层划分 …… 83

任务二　地壳 …… 87

任务三　地幔 …… 90

任务四　地核 …… 91

项目七　地球上的水 …… 93

任务一　地球上的水 …… 93

任务二　陆地上的水 …… 99

任务三　海洋中的水 …… 119

项目八　风化作用与荒漠、黄土 …… 127

任务一　风化作用 …… 128

任务二　物理风化作用 …… 129

任务三　化学风化作用 …… 131

任务四　生物风化作用 …………………………………… 133
任务五　影响风化作用的因素 ……………………………… 134
任务六　风化作用的产物 …………………………………… 135
任务七　干旱区荒漠的类型 ………………………………… 138
任务八　黄土与黄土地貌 …………………………………… 139

项目九　环境与地质灾害 …………………………………… 142

任务一　大气环境灾害 ……………………………………… 142
任务二　水圈灾害 …………………………………………… 152
任务三　生物灾害 …………………………………………… 156
任务四　地质灾害 …………………………………………… 157

项目十　中国的自然地理环境特点 ………………………… 170

任务一　地理位置和疆域 …………………………………… 170
任务二　地形地貌 …………………………………………… 170
任务三　河流水系 …………………………………………… 172
任务四　气象水文 …………………………………………… 176
任务五　水资源 ……………………………………………… 181
任务六　土地资源 …………………………………………… 182
任务七　生物资源 …………………………………………… 183
任务八　矿产资源 …………………………………………… 184
任务九　生态环境问题 ……………………………………… 185
任务十　自然区划 …………………………………………… 185

项目十一　地球的起源和演化 ……………………………… 187

任务一　地球起源 …………………………………………… 187
任务二　地球早期的演化 …………………………………… 189

任务三　早期生物历史 …… 193
任务四　爬行动物时代 …… 196
任务五　哺乳动物时代 …… 199
任务六　人类时代 …… 200

地球科学概论实验 …… 202

实验一　矿物的形态和物理性质的认识 …… 202
实验二　常见矿物的肉眼鉴定 …… 204
实验三　岩浆岩 …… 206
实验四　沉积岩主要类型的肉眼鉴定 …… 208
实验五　变质岩 …… 211

参考书目 …… 214

项目一　绪论

任务一　地球科学的概念、研究对象和内容

一、地球科学的概念

地球科学，七大基础学科之一，是以地球系统（包括大气圈、水圈、岩石圈、生物圈和日地空间）的过程与变化及其相互作用为研究对象的基础学科。主要包括地质学、地理学、地球物理学、地球化学、大气科学、遥感科学、海洋科学和空间物理学以及新的交叉学科（地球系统科学、地球信息科学）等分支学科。地球科学是一个大题目，纵横几万里，上下数亿年，几乎辐射到自然科学的其他各个领域。对地球的认识同世界各民族的起源、历史、文化乃至这个世界文明的进展，都是紧密联系在一起的。

地球科学指一切研究地球的科学，是行星科学的专门分支。各学科通常会以物理、地理、地质、气象、数学、化学、生物的角度研究地球。它和人类的生活息息相关，人们手上所戴的黄金饰品和钻石，都是来自地球的矿产资源；盖房子所用的砂、石、水泥，其原料也是来自地球；所吃的鱼虾，大都取自海洋；气温的变化影响生活甚巨；天体的运行，也时时刻刻影响着我们。因此，地球科学是一门很基础、很重要的学科。

地球科学的范围很广，涵盖地质学、海洋学、气象学和天文学等领域。地质学在探讨地球的历史与各部分组成，包括其演化和各种矿学、岩石以及矿产的分布；海洋学在研究海水的运动、海水的物理与化学性质及海底地形；气象学在分析大气的组成、构造和运动；而有关地球起源、太阳系的形成和天体的运动变化，乃至宇宙的演化，均属天文学的研究范围。以陨石撞击地球为例：高温高压撞击地球的结果，势必引起地形与地质的变化；飞扬在大气中的粉尘微粒会遮蔽阳光，大气和海水温度因而降低。因此，看似简单的天文事件，却

引起地质、气象和海洋的变化，可见各领域关系密切、环环相扣。

二、地球科学的研究对象

1.研究地球的成因及其发展演化规律

2.研究地球的结构

3.研究地壳运动及其规律

4.研究地球的物理性质

5.研究地壳的物质组成及其发展变化规律

6.研究人类活动给地球所造成的影响

地球是一个巨大的天体，经历了46亿年的发展和演化。相比之下，人类的历史只是短短的一瞬间。所以地球科学的研究方法与其他自然科学相比有较大的差异，它既要借助于数学、物理、化学、生物学及天文学的一些研究方法，同时又有自己的特殊性。

三、地球科学的研究内容

地球科学的研究内容主要包括固体地球（重点是地壳或岩石圈）的物质组成、内部构造和形成演化历史。按其研究内容和任务的不同，地球科学的主要分支学科可简举如下：

1.研究地球的物质组成方面的学科，如结晶学、矿物学、岩石学等；

2.研究地球的内部构造方面的学科，如构造地质学、构造物理学、区域构造学、地球动力学等；

3.研究地球的形成演化方面的学科，如古生物学、地层学、地史学、古地理学、地貌及第四纪地质学等。

任务二　地球科学的研究方法

地球科学的研究方法，在近30多年里，有了巨大的进步。由于地球科学研究的是地球表面的地理环境产生、形成、发展的演变规律，数千年来人类为了探寻这一规律，曾经显示了自己的聪明才智，创造了一系列的特有研究方法。

归纳起来，大致上包括观察、分析、表述。肉眼观察，描述归纳，文学式表述，这是萌芽时期和初创时期的地球科学研究方法；到了近代的形成时期，地球科学的观察引入了仪器，无论在广度还是深度上，都较仅凭肉眼的观察有了质的进步，加之交通运输的发展与进步，地球科学家的观察范围，受距离远近的约束已渐趋减小，未被地球科学家直接观察的地方越来越少。在分析中已能做到定性，因果关系、发生学原理都在广泛应用，规律的可能性探查也日益完善；不仅如此，定量分析也已开始引入，在某些领域，如气候学、水文地球科学、工业、交通运输、城市等地球科学分支中，有的已建立了数理系统。在表述中，归纳法已成为引以自豪的表现方法，无数的地球科学家所观察到的许许多多的现象，被归纳成要素的规律和地域的规律，使人类对其赖以生存的地球表面的环境，有了认识、了解，在利用和改造方面也能在尊重自然规律的条件下，更能发挥主观能动性。总之，社会的发展，科学的进步，使地球科学研究的方法和手段得到相应的改善；而方法和手段的革新，则标志着认识的飞跃和学科水平的提高。

随着科学技术的发展和进步，地球科学的研究方法也会得到不断的补充和推进。现择要简述研究方法如下。

1.野外调查　空间的广泛性决定了地球科学工作者首先必须到野外去观察自然界，把自然界当作天然的实验室进行研究，而不可能把庞大而复杂的大自然搬到室内来进行研究。野外调查是地球科学工作最基本和最重要的环节，它能获取所研究对象的第一手资料。例如野外地质调查、水系与水文状态调查、自然地理调查、土壤调查、资源与环境调查等。只有针对性地到现场去认真、细致地收集原始资料，才能为正确地解决地球科学问题提供可能。

2.仪器观测　仪器观测是地球科学用来获取研究对象的定性和定量资料的重要手段，通过仪器观测可以了解到研究对象的各种物理、化学性质、参量的静态特征和动态变化，为科学的分析、推理提供了依据。仪器观测为地球科学步入科学轨道提供了条件，例如16～17世纪气温、气压、湿度等气象仪器的发明与创造，使气象学逐渐发展成为一门完善的学科。现代高精度的常规与高空气象仪器观测仍然是气象学的重要研究基础。同样，仪器观测在水文学、海洋学研究中也占有特殊重要的位置。仪器观测对于现代地球物理学、地质学的地球内部研究，对于土壤学的研究特别是对于环境地学中的各种监测与评价，都具有极其重要的作用。在现场进行的仪器观测也属于第一手资料，除了科学工作者根据不同的研究目的在现场进行各种观测外，人们还常常设立各种定点观测台站，如气象站、水文站、地震台站、环境监测站等，并通过大量的台站建立观测网，以便获得系统的观测资料。

3.大地测量　这是地球科学中既古老而又发展迅速的一种重要研究方法，它在推动地球科学的发展中起了重要作用。早在古埃及和古中国的远古时代，人们就借助于步测及其他一些简单的测量工具，进行土地规划、地形与地理制图、水利与工程建设等。到了近代，随着测量仪器的进步，逐渐发展成为传统的大地水准测量和大地三角测量。本世纪中叶发展起来的海洋测深技术（声纳）对于海洋学的发展和地质学的革命曾起了决定性的作用。近些年发展起来的激光测距、全球定位系统（GPS）又给地球科学带来了深刻影响。大地测量的方法对于地理学、地质学、海洋学、水文学及土壤学等的研究十分重要。

4.航空、航天和遥感技术　现代航空、航天和遥感技术极大地推动了地球科学的发展，成为现代地球科学不可缺少或不可忽视的重要研究方法。由于地球的空间广大，要在短时间内获取大区域的资料，特别是大区域的动态变化状况，就必须充分利用航空、航天和遥感技术，如卫星云图、卫星遥感影像、航空照片等。航空、航天和遥感技术对现代气象学的发展和进步起了决定性作用，成为其重要支柱。它们也是现代海洋学、地理学的主要研究手段，而且对于现代地质学、土壤学、水文学、环境地学等也发挥着重要作用。

5.实验室分析、测试与科学实验　这是地球科学中各门学科均普遍采用的研究方法，主要是从研究对象中取得所需的各种样品或标本，然后在实验室进行分析、测试，以便获取物质成分、结构、物理与化学性质以及形成历史等方面的定性和定量资料，并通过科学实验分析和推断其形成、演变过程、发展趋势等。随着科学的发展，地球科学中的实验科学已有相当的进步。但由于自然过程的影响因素复杂，加之时间的漫长性与空间的广泛性以及现代实验技术水平的限制，在地球科学中有时很难进行与自然界一致的真实实验。因此，地球科学上常采取简化影响因素，创造一些特定的物理、化学环境，模拟自然现象的成因、过程和发展规律，这种方法称为模拟实验。模拟实验只能是近似的，实验结果往往与自然过程有一定差距，但它在再造自然现象的过程、验证和探索地球科学规律方面发挥着重要作用。

6.历史比较法　这是地质学最基本的方法论。时间的漫长性决定了地质学必须用历史的、辩证的方法来进行研究。虽然人类不可能目睹地质事件发生的全过程，但是，可以通过各种地质事件遗留下来的地质现象与结果，利用现今地质作用的规律，反推古代地质事件发生的条件、过程及其特点，这就是所谓的历史比较法（或称将今论古、现实主义原则）的原理。这一原理是由英国地质学家莱伊尔（C. Lyell，1791—1875年）在郝屯（J. Hutton，1726—1797年，英国学者）的均变论学说的基础上提出来的。莱伊尔明确指出：现在是了解过去的钥匙。例如，现代珊瑚只生活在温暖、平静、水质清洁的浅海环境中，如果在古代形成的岩石中发现有珊瑚化石，便可推断这些岩石也是在古代温暖、清洁的浅海环境中形成的；又如，现在的火山喷发能形成一种特殊的岩石火山岩，如果在一个地区发现有古代火山岩存在，我们就可以推断当时这一地区曾发生过火山喷发，等等。历史比较法是一种研究地球发展历史的分析推理方法，它的提出，对现代地质学的发展起了重要的促进作用。这一原理的理论基础是均变论。均变论认为，在漫长的地质历史过程中，地球的演变总是以渐进的方式持续地进行，无论是过去还是现在，其方式和结果都是一致的。但是，现代地质学的研究证明，均变论的观点是片面和机械的。地球演变的过程是不可逆的，现在并不是过去的简单重复，而是既具有相似性，又具有前进性。例如，地质学的多方面研究揭示，在地球演变过程中，地表大气圈、水圈、生物圈的组成、数量、温压以及地球或地壳内部的结构、构造等特征都在发生不断地变化，与现代的状况存在不同程度的差异，这些必然会导致当时发生的地质作用的方式与过程具有一系列与今天不同的特点。地球演变的过程也并不总是以渐进、均变的形式进行，而是在均变的过程中存在着一些短暂的、剧烈的激变过程。例如，在岩层中常常发现其物质组成及结构构造发生突然性的变化；在古生物演化中也常常发现大量的生物种属在短期内突然绝灭的现象，如约7000万年前恐龙全部迅速绝灭等。所以整个地球的发展过程应是一个渐变激变渐变的前进式往复发展过程，这也符合量变质变量变的哲学规律。因此，在运用历史比较法时，必须用历史的、辩证的、发展的思想作指导，而不是简单地、机械地将今论古，这样才能得出正确的结论。

在漫长的地球演化过程中，不同时期、不同方式（物理、化学、生物等）、不同环境（地表、地下、空中等）的自然作用给我们留下的是一幅错综复杂的结果图案。要根据这一图案恢复和解析自然界发展的过程，就必须利用多学科的原理和方法，结合复杂的影响因素，进行综合分析。这一点与数、理、化等学科利用单纯的推导、实验等方法进行研究是大不一样的。例如在地质学中，由于过程和影响因素很复杂，根据某些个别特征，利用单学科的原理和方法，往往会得出片面甚至错误的结论，这就是在地质学研究中经常碰到的多解性或不确定性问题。所以，只有在综合各方面研究的基础上，才能得出统一的、最合乎实际情况的结论。

7.电子计算机技术应用　有人说20世纪后半叶以来，人类社会已步入电子计算机的时代，电子计算机技术的应用已给各门自然科学带来了深刻的影响和革命性的变化。对地球科学也是一样，例如在现代气象学、地理学、地质学、地球物理学、海洋学、环境地学等领域中，计算机技术已发挥了巨大的作用，成为不可缺少的研究手段和方法。而且计算机技术正在向地球科学的各个领域中渗透。计算机技术的应用，为解决地球科学的研究对象的空间广阔、观测处理资料量大、模拟形成演变过程复杂等等问题带来了无限的前景。因此，要想提高地球科学的研究水平，必须充分地重视、加强和进一步开拓电子计算机这一技术在地学中的应用。

任务三　地球科学在经济和社会可持续发展中的战略地位

基础科学的发展是人类文明进步的动力。基础科学研究是科技和经济发展的源泉和后盾，是新技术、新发现的先导。基础研究的重大突破往往能带动新兴产业群的崛起，引起经济和社会的重大变革。现代地球科学在研究地球及其各圈层的起源、结构、演化和运动规律等方面，经过几个世纪的努力，已经取得了基础理论上的突破性进展，同时取得了公认的经济、社会效益。以20世纪为例，1905年揭示了电离层的存在，为无线电通讯提供了前提条件；石油科学领域的一系列重要进展，使化石能源成为世界经济发展的“血液”；固体地球科学的新成就，进一步推动了金属和非金属矿业的巨大发展；大气科学与新技术的结合，使天气预报成为人类每天生活的必需；遥感技术与地理信息系统为许多科技领域和军事应用开拓了新的方向，并已经开始产业化的趋势；海洋科学的成就还预示海洋产业在新世纪的崛起。尤其应当指出的是，60年代后期，板块构造理论的提出，为认识地球岩石圈的演化历史和运动规律提供了坚实的基础。

地球科学通过资源问题、能源问题、环境问题、自然灾害问题和地球信息问题的研究和解决，在现代经济和社会的可持续发展中占有举足轻重的地位。历史发展到20世纪，人类活动已经开始对地球系统中的一些过程产生不可忽视的影响，这种影响有时已经达到可以威胁人类自身生存的程度。如何协调人与自然的关系成为20世纪地球科学研究中一个重要的方面。用系统的观点研究地球，为人类的生存、发展、生活质量的提高提供知识和技术基础，将是21世纪地球科学发展的主要目标。地球科学的重要性随着现代经济社会的迅速发展而变得愈加突出。与其他一些社会公益事业和基础研究领域不同，地球科学兼具全球性和地域性。许多地球科学问题的宏大空间尺度和漫长时间尺度要求国际地学界的广泛合作研究，使得最近50年来全球性科学计划急速兴起，从20世纪50年代的国际地球物理年计划，到目前的国际岩石圈计划、国际减灾十年计划、世界气候研究计划、国际地圈生物圈计划、国际地质对比计划、大洋钻探计划和日地能量计划等。解决本国一定区域的基本地学问题，以及资源、环境和灾害问题，这是任何一个国家发展地球科学的主要目的之一。同时地球科学对于维护国家利益和国家安全具有重要的实际意义。全球性与地域性二者是不矛盾的，一些全球性的模式是从地域性研究发展起来的。值得注意的是，冷战结束后，能源问题和全球环境问题成为国际政治和外交斗争的焦点。从这个意义上说，地球科学的发展，既是一个国家综合国力的明显标志，也是这个国家维护国家主权和权益的必要措施。

我国拥有960万平方千米的陆地和300万平方千米的管辖海域，这是中华民族的生存空间。对这一生存空间的认识、利用、开发和保护，是中华民族独立自强的基础。20世纪初，近代地理学、地质学和气象学首先在中国植根；新中国成立后，地球科学的各个新兴领域迅速发展，中国地球科学事业从小到大，不断发展，目前已经形成学科门类齐全和比较完备的高等教育体系和科研体系。地球科学在中国经济社会的发展和现代化的过程中发挥了重要作用。我国地球科学的一系列理论成就，从北京人的发现到东亚大气环流的研究，从陆相生油理论的提出到青藏高原和黄土高原的研究，都是我国科技事业的宝贵财富；地球科学的研究成果为寻找大型矿床、大型油气田和大型水源地以及工程建设提供了理论依据，这些资源的开发和利用为工业的现代化和农业的发展奠定了坚实的基础；气象灾害、地震灾害、地质灾害的研究和预测为工农业的发展和自然灾害的减轻提供了必要的保证；对我国国土和管辖海域的了解和研究，成为维护国家主权的重要内容。

任务四　地球科学概论课程的任务和基本要求

一、课程性质、目的与任务

地球科学概论是地球科学教学体系中的先导性课程，起着构筑专业知识结构基本框架的作用。课程的目的是以新世纪地球科学面临的任务和应发挥的作用为出发点，采用宏观人—地系统论和行星地球观，使学生对地球各层圈的特点：地球科学的研究对象、研究方法和研究手段，特别大气圈、水圈、生物圈、岩石圈的相互关系以及对地球表层和人类的影响有所了解。课程的任务是使学生基本掌握如下内容：现代宇宙形成的基本论点及事实根据；太阳系和地球起源的假说及证据；地球物质组成和地质纪年方法；地球层圈结构和地球物理性质；大气圈、水圈、生物圈的基本特征以及风化、风、河流、地下水、海洋、冰川等外动力地质作用；组成岩石圈的矿物、岩石特征和岩浆、变质、构造、地震等内动力地质作用；地球动力系统；地球科学在资源利用、灾害防治、环境保护等方面的作用；地球系统科学的基本知识。

二、教学基本要求

地球科学概论承担着对学生进行专业启蒙和专业基础教育的双重任务。课程的教学基本要求是通过理论和实验教学，使学生对行星地球的组成、构造、形成和演化规律有科学的认识，掌握地球科学的基础知识和地质作用的基本原理，掌握基本地质工作方法，为后续系统的专业学习打下坚实的基础。

项目二　地球在宇宙中的位置

任务一　恒星和星系

一、宇宙

宇宙是个稳定平衡的能量体系，应该有“正”物质和“反”物质，正反物质能量大小相等，总能量为0。根据能量最低原理，“正”物质之间是引力，“反”物质之间也是引力，而正反物质之间应该是斥力，但接近后会发生湮灭。所以宇宙应该是数字“8”字形的。一半是“正”宇宙，另一半是“反”宇宙。假设我们的宇宙是“正”宇宙，另一宇宙则是“反”宇宙。“8”字形宇宙中心称为“奇点”。“8”字形宇宙存在两个振动和两个转动。所谓普通物质是人类利用电磁波可以探测到的宇宙能量，暗物质是人类电磁波探测不到的宇宙能量。而成分最多的暗能量类似于“宇宙背景辐射”。

一般能理解的宇宙指人类所存在的一个时空连续系统，包括其间的所有物质、能量和时间。对于这一体系的整体解释构成了宇宙论。

在中国古代就有“上下四方曰宇，往古来今曰宙”的说法，宇宙一词也出自于“旁日月，挟宇宙”。近数世纪以来，科学家根据现代物理学和天文学，建立关于宇宙的现代科学理论，称为物理宇宙学。宇宙大约是由4.9%的普通物质，26.8%的暗物质和68.3%的暗能量构成。从成分比可以看出，可见物质最少，暗物质第二，暗能量最多。

二、恒星

恒星是由非固态、液态、气态的第四态等离子体组成的，是能自己发光的球状或类球状天体。由于恒星离我们太远，不借助于特殊工具和方法，很难发现它们在天上的位置变化，因此古代人把它们认为是固定不动的星体，我们所处的太阳系的主星太阳就是一颗恒星。

恒星是大质量、明亮的等离子体球。太阳是离地球最近的恒星，也是地球能量（内能和光能）的来源。白天由于有太阳照耀，无法看到其他的恒星；只有在夜晚，才能在天空中看见其他的恒星。恒星一生的大部分时间，都因为核心的核聚变而发光。核聚变所释放出的能量，从内部传输到表面，然后辐射至外太空。几乎所有比氢和氦更重的元素都是在恒星的核聚变过程中产生的。恒星天文学是研究恒星的科学。

恒星是宇宙中最重要的天体，它集中了宇宙中相当部分的质量。恒星是由炽热气体组成的、能够自身发光的球形或类似球形的天体。构造恒星的气体主要是氢，其次是氦，其他元素很少。我们的太阳就是一颗既典型又很普通的恒星。

拥有巨大的质量是恒星能发光的基本原因。由于质量大，内部受到高温高压的作用，导致进行由氢聚变为氦的热核反应，释放出巨大的能量，以维持发光。恒星的温度愈高，向外辐射能量的电磁波波长愈短，因而颜色发蓝；相反，颜色发红。恒星的质量相差不大，多在0.1～10倍太阳质量之间；恒星的体积却相差非常悬殊，大的恒星直径为太阳的2000倍左右，小的恒星直径小于1000千米，比月球还小；因此，恒星的平均密度相差也很悬殊。

在地球上用肉眼观察到的恒星的明亮程度称为亮度。古代人们将恒星的亮度分为6个等级，称为视星等。其中15个最亮的恒星称一等星，而正常视力所能辨认的最暗的星称六等星。后来，由于光学和光学仪器的发展，人们测定了视星等和亮度的数量关系：即一等星比六等星亮100倍，视星等每差一等，亮度就差2.512倍。恒星的亮度受恒星到地球距离远近不同的影响，因而并不完全代表恒星本身的真正发光能力。恒星本身的发光能力称为光度，光度的等级则称为绝对星等。

大多数恒星的特征是大同小异的，但有少数恒星在某些方面是与众不同的。如大多数恒星的光度在短时期内几乎是不变的，太阳就是这样。但是，有些恒星在几年、几日甚至几小时内就会发生明显的、特别是周期性的变化，这样的恒星叫变星。变星分三类，即几何变星、脉动变星和爆发变星。几何变星是指因几何位置变化而发生变光现象的变星。脉动变星是因为星体本身的周期性的膨胀和收缩而发生光度变化的变星，它们在膨胀的时候就变得明亮，反之在收缩的时候就变得阴暗。爆发变星是因为星体本身的爆发现象而发生光度突然变化的变星。普通的爆发变星叫新星，它们的光度在几天内突然增加而由暗星变为亮星，甚至由看不见的星变成明亮的恒星，以后在几个月到几年的时间内它们的光度逐渐下降到爆发前的状态。比新星爆发更为剧烈的星叫作超新星。一般来说，恒星的光度既同表面温度有关，也与表面积（体积）有关。在体积相似时，恒星温度愈高则光度就愈大；而在温度相似时，恒星体积愈大光度也愈高。有些恒星的温度并不很高，但由于体积大、密度低而具有很高的光度，这样的恒星称为巨星；另有一些恒星温度很高，但由于体积很小、密度很高而光度很低，这样的恒星称为白矮星。

三、星际介质和星云

星际介质又称星际物质，是指恒星际空间中存在的各种物质，有种类繁多的原子、分子和尘埃。

星云也属于星际物质。其实它们也是由这些物质组成，不过是物质密度较大的团块而已。

现已确认，恒星就是在一些物质密度较大的分子云中产生的。有些分子云至今还在形成新的恒星。通常，质量非常大而浓密的分子云，会碎裂成一些较小的团块。这些团块的大小约等于恒星直径的几百万倍。这个云团因为来自内部物质的引力作用，开始迅速收缩，就如一幢高楼大厦在顷刻之间坍塌。在大约几十万年之后，在云团中心形成了一个高温、高压、高密度的气体球，并在其核心触发了由四个氢原子核聚变成一个氦原子核的反应，释放出大量的热和光，成为恒星。

行星状星云呈圆形、扁圆形或环形，有些与大行星很相像，因而得名。这类星云与弥漫星云在性质上完全不同，它们是如太阳差不多质量的恒星演化到晚期，核反应停止后，走向死亡时的产物。这类星云的体积在膨胀之中，最后趋于消散。在行星状星云的中央，都有一颗高温恒星，称为行星状星云的中央星。这是正在演化成白矮星的恒星。

弥漫星云是星际介质集中在一颗或几颗亮星周围而造成的亮星云，这些亮星都是形成不久的年青恒星。弥漫星云呈现为不规则的形状，犹如天空中的云彩，但是它们一般都得使用望远镜才能观测到，很多只有用天体照相机作长时间曝光才能显示出它们的美貌。

超新星遗迹也是一类与弥漫星云性质完全不同的星云，它们是超新星爆发后抛出的气体形成的。与行星状星云一样，这类星云的体积也在膨胀之中，最后也趋于消散。

最有名的超新星遗迹是金牛星座中的蟹状星云。它是由一颗在1054年爆发的银河系内的超新星留下的遗迹。在这个星云中央已发现有一颗中子星，但因为中子星体积非常小，用光学望远镜不能看到。它是因为它有脉冲式的无线电波辐射而发现的，并在理论上确定为中子星。

明亮的弥漫星云之所以明亮，是因为有一颗或几颗亮星的照耀。如果气体尘埃星云附近没有亮星，则星云将是黑暗的，即为暗星云。

暗星云由于它既不发光，也没有光供它反射，但是将吸收和散射来自它后面的光线，因此可以在恒星密集的银河中以及明亮的弥漫星云的衬托下发现。

四、星系

广义上星系指无数的恒星系（包括恒星的自体）、尘埃（如星云等）组成的运行系统。参考银河系，它是一个包含恒星、气体的星际物质、宇宙尘和暗物质，并且受到重力束缚的大质量系统。典型的星系，从只有数千万颗恒星的矮星系到上兆颗恒星的椭圆星系都有，全都环绕着质量中心运转。除了单独的恒星和稀薄的星际物质之外，大部分的星系都有数量庞大的多星系统、星团以及各种不同的星云。

星团：在银河系众多的恒星中，除了以单个的形式，或组成双星、聚星的形式出现外，也有以更多的星聚集在一起的。星数超过10颗以上，彼此具有一定联系的恒星集团，称为星团。使这些恒星团结在一起的是引力。星团的成员多的可达几十万颗。它们又可以分成疏散星团和球状星团两类。银河系中遍布着星团，只是不同的地方星团的种类也不同。

星云：星云是一种由星际空间的气体和尘埃组成的云雾状天体。星云中的物质密度是非常低的。如果拿地球上的标准来衡量，有些地方几乎就是真空。但星云的体积非常庞大，往往方圆达几十光年。因此，一般星云比太阳还要重得多。星云的形状千姿百态。有的星云形状很不规则，呈弥漫状，没有明确的边界，叫弥漫星云；有的星云像一个圆盘，淡淡发光，很像一个大行星，所以称为行星状星云。

星座：相对于星系，星座更具有感性的意味。星座是依据夜空中所能观测恒星的聚合形态而划分的，划分的依据是视觉而不是真实的恒星位置，因而同一星座的恒星往往来自不同的星系，它们从宇宙的不同位置共同发出的可见光到达地球，就被人为划分成了星座。

任务二　银河与银河系

一、银河与银河系

夏秋季节，在无月的晴夜里，人们可以看到天空中有一条淡云薄纱般的白色光带，叫作银河（民间也叫天河）。“银汉横空万象秋”组成密密麻麻的繁星。银河系是恒星和星际物质的巨大积聚体，它拥有一两千亿颗恒星及大量星际物质，恒星占90%，星际物质占10%。（见图2-1）银河系是以银河命名的星系，银河是银河系在天球上的投影。

“不识庐山真面目，只缘身在此山中。”我们身处银河系之中，能够看到的是一条横贯夜空的银河。这是一条朦胧不清的光带，绵延天空一整周。平均宽度约为20度。银河是由许多遥远的恒星组成的，表明了银河系的恒星在这一带非常密集。在银河中还可以看到许多暗带，说明在银河的方向上有大量的星际介质和暗星云存在。

银河与银河系是同一事物的两个不同图像：银河系是以银河命名的星系（形似圆盘）（见图2-2）；银河则是银河系主体在天球上的投影（环天光带）。

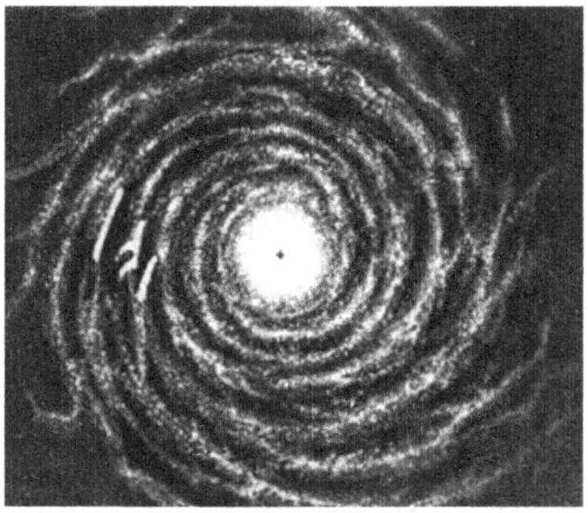

图 2-1　银河系结构俯视图

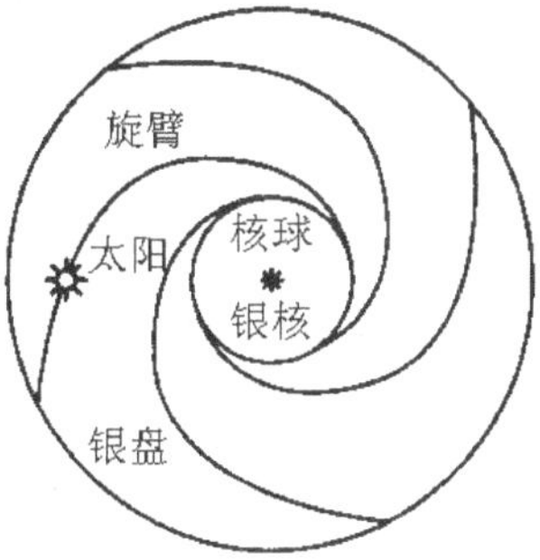

图 2-2 银河系俯视图

银河系是大量恒星、星云和星际物质的聚集体。它拥有一两千亿颗恒星，总质量约为太阳质量的1400亿倍。

银河系的主体部分是一个又圆又扁的圆盘体，直径约8万光年；中部较厚，边缘很薄。圆盘体分核球和银盘两部分。核球是圆盘体的中心部分，是圆盘体中恒星最密集的部分。核球的中心部分叫银核；银核的中心叫银心。银盘位于核球的四周，内侧较厚，外侧较薄。在圆盘体外围，还有银晕。它大体成球状，范围很大，但其物质密度比银盘低得多。

圆盘体分核球和银盘两部分。核球是圆盘体的中心部分，长径约10000～13000光年，厚约10000光年，是圆盘体中恒星最密集的部分。核球的中心部分叫银核；银核的中心叫银心。银盘位于核球的四周，内侧较厚，约2400～4800光年；外侧较薄，约800光年。在圆盘体外围，还有银晕。它大体成球状，范围很大，但其物质密度比银盘低得多。

二、太阳在银河系中的位置和运动

太阳在银河系中居于怎样的位置，可以从如下两方面考察：

——银河的中线大体上把天球分成相等的两半。这证明，我们太阳（或太阳系）的位置，很接近银河系赤道平面（即银道面）。要不然，如果太阳远离银道面，银河将不再成为周天的环带，而只占据天穹之一隅。

——银河两半圈的明暗程度不同。这证明，太阳并不位于银河系中心，而是偏踞银盘的侧。如果它位于银河系中心，那么，银河各部分的亮度应该大体相同。具体地说，太阳的位置距银心约2.4万光年，向银心所在方向（在人马座），太阳距银盘边缘约6.4万光年。从这个方向看去，恒星特别密集，银河显得最宽最亮。反之，在同银心相反的方向，太阳距银盘边缘只约1.6万光年，从这个方向看来，恒星分布稀疏，银河显得十分暗淡。

作为银河系的成员，太阳有相对于银心的绕转，其速度为250千米/秒。按太阳与银心的距离，推得其绕转周期为2.5亿年。如果地球年龄为46亿年，那么，它随同太阳环绕银心已经转了约18周。

恒星在绕转银心的同时，还有相对于邻近恒星的运动。我们的太阳率领其行星家族，向着天空中武仙座方向（近织女星）前进。这个方向所指的点被称为奔赴点。人们都有这样的经验：当汽车行驶在市郊的林荫道上时，透过车窗向前方凝视，会感到道路两旁的行道树从远方的一点向两边散开；向后凝视，又会觉得它们向远方一点会聚。如果太阳系向着武仙座方向前进，那么，天空中的恒星，也会从武仙座中的一点向四周散开。事实上，人们正是根据这个现象，推知太阳系向着武仙座方向前进。太阳的这项运动，速度是20千米/秒。既有绕转银心的运动，又有相对于邻近恒星的运动，对于这二者的关系，有人作了一个形象的比喻：太阳及其邻近的恒星，好似飞行中的群蜂。它们既成群结队地朝某个目标飞行，又有相互间杂乱无章的穿插运动。前者好比绕银心转动，后者则是恒星间的相对运动。

三、河外星系

像银河系这样包含大量恒星的天体系统，叫作星系。在现代观测工具所能察觉的范围内，这样的星系约有10亿个。所有这些星系（除银河系外），统称河外星系。因为它们远在“河”外，所以显得十分暗淡和渺小，肉眼可见的寥寥无几。它们在外表上表现为模糊的光点，同银河系内由气体和尘埃组成的弥漫星云相似，因而被称为“河外星云”。把外形相似的河外星云同银河星云区分开来，证实它们是“河外”的星系还是20世纪20年代的事，是天文史上的一次重大突破。

星系的分布也有结群现象。一些相互邻近的星系结合成星系群。银河系所属的星系群，叫本星系群，约有40个成员，除银河系外，最主要的成员是大、小麦哲伦云。它们的距离分别为16万光年和19万光年，是银河系的近邻；二者与银河系组成一个三合星系。此外，本星系群中最接近的星系，当推仙女座大星云。这是北天唯一的、肉眼勉强可见的河外星系，距离为220万光年。这就是说，我们现在看到的仙女座大星云的暗淡光芒，远溯到它离开光源的时候，人类还处在“从猿到人”的进化过程中！

比星系群更加庞大的天体系统叫星系团。一个星系团包含几百甚至几千个星系。在星系团所在的天空区域，星系分布特别密集。已经发现的星系团有上万个，其中离我们最近、最著名的是室女座星系团，距离为6000万光年，在天球上占据长40°，宽15°的天空区域，直径为6000万光年，包含着2500余个星系。

比星系团更高一级的天空世界为总星系。它包括现有观测工具所能涉及的全部宇宙空间和已被觉察的10亿个星系。其中，最遥远的星系超过100亿光年。

任务三　太阳和太阳系

一、太阳

太阳是一颗恒星，具有极大的质量和很高的温度。它的质量相当于地球质量的33万余倍，或太阳系九大行星质量总和的700余倍。巨大的质量使太阳具有很高的中心温度（约1500万开尔文），因而进行着热核反应，成为自身发光的天体。在浩瀚的银河系的千百亿颗恒星中，按天文学标准，太阳只是其中的普通一员。它的各种物理参数，诸如质量、体积、密度、温度和光度等，都没有什么与众不同的地方。

但是，在太阳系范畴内，在同地球的关系上，太阳就不是普通的一颗恒星了。太阳是太阳系的中心天体，因而有别于其他恒星。首先，太阳是地球绕转的恒星，因此，它有周年的巡天运动。其次，比起其他恒星来，太阳离地球很近。太阳光到达地球，只需8分多钟；而比邻星（离太阳系最近的一颗恒星）的光到达地球，需时4.22年。距离上的悬殊，使恒星在天球上都成为光点，唯太阳具有视直径约半度的日轮，因而显得特别明亮，其视亮度为一等星的1300万万倍。此外，由于距离上的接近，太阳赋予地球的热量特别多。“万物生长靠太阳”，它是地球以及整个太阳系的光明和热量的源泉；而一切别的恒星的辐射，根本没有可能引起任何可察觉的地球物理效应。

在天文学上，太阳的重要性还在于，它是认识宇宙中亿万颗别的恒星的主要媒介。由于日地距离足够近，使我们有可能直接研究它的表面；太阳的一些活动，都可以在太阳表面观测到。人们利用从太阳得到的知识，来检验关于恒星的一般理论。

1.开普勒行星运动的定律

开普勒第一定律指出，行星绕太阳公转的轨道是椭圆，太阳位于椭圆的一个焦点上（图2-3）。该定律是关于行星运行的轨道形状的定律。由于太阳取椭圆中某一偏心的焦点位置，行星至太阳的距离便因公转运动发生周期性变化，当行星到达椭圆长轴两端时，行星至太阳的距离取最大、最小值，分别称为远日点和近日点。当行星在近日点一边的半椭圆中运行时，其与太阳的距离将小于椭圆的长半径；而在远日点一边的半椭圆中运行时距离将大于长半径；行星至太阳的平均距离则正好等于椭圆的长半径。其实，行星运行的椭圆轨道的扁率e（e=c/α）都是很小的，即行星的公转轨道都接近圆形。

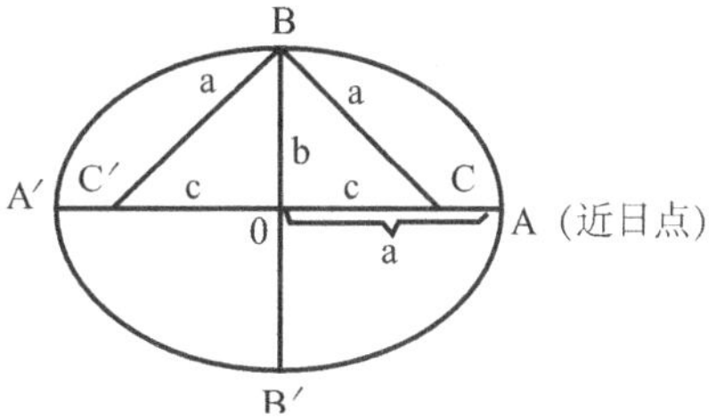

图 2-3 行星运行的椭圆轨道示意图

开普勒第二定律指出，当行星绕太阳公转时，行星同太阳的连线（称行星的向径）在单位时间内在轨道平面上扫过的面积相等。该定律是关于速度和速度变化的定律。依据该定律，行星公转的角速度和线速度因椭圆轨道的位置而发生不均变化，在近日点附近速度最大，在远日点附近速度最小。但是，由于行星公转的椭圆轨道的扁率很小，所以行星公转的速度不均匀程度并不大。

开普勒第三定律指出，行星到太阳平均距离的立方同公转周期T的平方成正比，即对于任何行星：α^3/T^2=常数。该定律是关于行星轨道大小和公转周期的定律。即距太阳愈远的行星（α愈大），公转周期就愈长（T愈大）。周期愈长又意味着平均角速度愈小，例如地球公转一周要1年，而冥王星公转一周要248年。

2.太阳的距离、大小和质量

通过现代天文学的知识我们知道，太阳与地球之间的距离为一个天文单位，即149597870700米，约等于1.5亿千米，但过去的天文学家在没有如此精确的测量技术前提下几乎无法获得准确的日地距离，这就导致了我们对宇宙其他天体的观测出现误差，因为我们都用天文单位来衡量我们与其他天体的距离。

事实上，古希腊的思想家最早开始构想宇宙的模型，其中一个就是日地距离，当时科学家通过肉眼观测来判断太阳与我们的距离。比如日食时月亮几乎将太阳完全覆盖，通过视觉观测与简单计算来推测日地距离，但是太阳过于明亮，导致这样的观测计算存在较大的误差。公元前2世纪中叶希腊天文学家开始用视差法观测天体距离，即从两个不同的角度观测，首先应用的是地球与月球的距离，由于视差会形成三角形，通过三角函数能够解出地球和月球之间的距离，但这个方法几乎无法获得真实值，因为如果角度估计有误，在如此大的距离上误差会成倍放大。

在接下来一千多年内我们对日地距离的观测仍然没有较大的进展，到了18世纪，我们对科学的认识开始起步，开普勒和牛顿的发现让我们寻找到测量日地距离的一个新方法。科学家发现利用金星凌日可以计算出日地距离，即金星通过太阳盘面，通过对1769年上尉詹姆斯•库克在塔希提岛上观测金星凌日的研究，以及1761年时对凌日的观测，法国天文学家拉郎德收集到计算出日地距离的所有数据，第一次精确给出了日地距离的值：1.53亿千米，与目前的1.49亿千米非常接近，误差控制在3%之内。

到了2012年，我们通过更加先进的观测技术再次利用金星凌日计算出更加精确的日地距离，即149597870700米，于是我们可以用这个天文单位来衡量宇宙间其他天体的距离。从中可以看出，日地距离是一个非常重要的天文学单位，是我们探索深空的重要基石。

太阳是一个巨大而炽热的气体星球。知道了日地距离，再从地球上测得太阳圆面的视角直径，从简单的三角关系就可以求出太阳的半径为69.6万千米，是地球半径的109倍。由此可以算出太阳的体积为地球的130万倍。

天文学家根据开普勒行星运动的第三定律，利用地球的质量和它环绕太阳运转的轨道半径及周期，还可以推算出太阳的质量为1.989×10^{30}千克，这个质量是地球的33万倍。并且集中了太阳系99.86%的质量。但是，即使这样一个庞然大物，在茫茫宇宙之中，却也不过只是一颗质量中等的普通恒星而已。

由太阳的体积和质量，可以计算出太阳平均密度为1.409克/立方厘米，约为地球平均密度的0.26倍。太阳表面的逃逸速度约617.7千米/秒，任何一个中性粒子的速度必须大于这个值，才能脱离太阳的吸引力而跑到宇宙空间中去。

二、太阳系

太阳系是以太阳为中心，和所有受到太阳的引力约束天体的集合体。包括八大行星（由离太阳从近到远的顺序：水星、金星、地球、火星、木星、土星、天王星、海王星）以及至少173颗已知的卫星、5颗已经辨认出来的矮行星和数以亿计的太阳系小天体（见图2-4）。

图 2-4 太阳系组成

太阳系是银河系的一部分。银河系是一个棒旋星系，直径十万光年，包括1000亿～4000亿颗恒星。太阳是银河系较典型的恒星，离星系中心大约2.5万～2.8万光年。太阳系移动速度约220千米/秒，2.26亿年转一圈。

太阳系的行星，按照离太阳的距离从近到远，它们依次为水星、金星、地球、火星、木星、土星、天王星、海王星。八大行星自转方向多数也和公转方向一致。只有金星和天王星两个例外。金星自转方向与公转方向相反。而天王星是在轨道上横滚的。而曾经被认为是“九大行星”之一的冥王星于2006年8月24日被定义为“矮行星”。

行星的定义：一是必须围绕恒星运转的天体；二是质量足够大，围绕恒星运转的天体必须靠自身引力使天体星圆球状；三是其轨道附近应该没有其他物体。按这样的划分，太阳系的行星就只有水、金、地、火、木、土，加上天王、海王这八颗星。与2006年之前提到的九大行星概念不同，在2006年8月24日于布拉格举行的第26届国际天文联会中通过的第5号决议中，冥王星被划为矮行星，从太阳系九大行星中被除名。必须是围绕恒星运转的天体——冥王星相符。

而同样具有足够质量、成圆球形，但不能清除其轨道附近其他物体的天体称为“矮行星”，冥王星恰好符合这一定义，并被国际天文学联合会确认是一颗“矮行星”。所以冥王星被归为矮行星。从此太阳系只有八大行星。

任务四　月球和地月系

一、月球

在茫茫宇宙的无数天体中，月球只是一个微不足道的小天体。但是，由于月球距地球比较近，在地球上看来，它却是一个非常重要的天体。对于地球来说，除了太阳之外，天空中没有任何天体比月球更加显著。从对地球的影响来看，月球的作用，也是太阳以外的任何其他天体不可比拟的。因此，月球同人类的关系是非常密切的。

人类对月球进行科学的观测、研究，已有好几个世纪的历史。早在1609年，伽利略就已开始用望远镜观测月球，并绘制了月面图。几百年来，天文学家在对月球的观测、研究方面，获得了越来越多的成果。绘制的月面图也越来越详尽，甚至比地球上某些地区的地图还要详细。

在20世纪40年代以前的长期历史中，人们都是通过肉眼和望远镜来观测月球的。而且，人们只能在地球上观测月球。40年代以后，开始用射电雷达和激光等现代技术手段，对月球进行观测、研究。航天技术的发展，人类开辟了观测、研究月球的新纪元。1959年，原苏联“月球”3号探测器拍摄了月球背面的照片，使月球背面的面貌第一次展现在人类眼前。自那时以来，已有几十个从地球上发射的月球探测飞行器，对月球进行了逼近飞行、轨道环行和着陆。1969年7月20日，美国“阿波罗”11号飞船，实现了人类登上月球的夙愿，第一次把宇航员送到月球上，并且还在月球的表面安装了月震仪、激光测距反射仪，迈出了人类对月球进行实地考察研究的第一步。到1972年12月11日，“阿波罗”号系列飞船，已在月球上成功地实现了六次载人登陆，先后共把12名宇航员送上月球。宇航员们在月球的风暴洋、亚平宁山等地区，安置了许多精密仪器，以利更加全面、更加深入地对月球进行观测研究。

科学家们已在月球上进行了多种科学实验，并对“阿波罗”号系列飞船从月球带回的岩石、土壤等样品，进行了多方面的科学分析。通过这些实验研究，比较详细地揭示了月球表面的特征、物质成分和特性，以及月球重力、磁场和月震等现象，使人类对月球的认识水平，发生了飞跃性的变化。

月球是地球以外留下人类足迹的第一个天体，也是目前人们最熟悉的天体。但是，作为地球的近邻，月球至今仍然有许多奥秘等待着人们去揭示。随着科学技术的不断发展，人类将会越来越详尽地认识月球，并把它作为第一个宇宙空间基地，去登临和探索更加遥远的星球。

1.地月距离

月球是距地球最近的天体，它与地球之间的距离为384404千米，大约相当于地球半径的60倍。这是月地距离的平均数值。其实地月距离并不是一个固定的数值，而是在不断变化的。这是因为月球绕地球不停地转动着，其运行轨道是一个椭圆，地球位于这个椭圆的焦点之一位置上。这样，就使月地距离有时小，有时大，成为一个变量。月球距地球最近时（近地点）的地月距离，与月球距地球最远时（远地点）的地月距离，相差42200千米。

同其他任何天体相比较，月球离地球是很近的。因此，测定月地距离，要比测定其他天体与地球的距离更容易些，以至用地面上测量距离的方法，就能测得月地之间的距离。尽管如此，人们对地月距离的测量，也不过只有二百多年的历史。

最早测定地月距离所运用的是三角几何方法，即在同一条子午线上选择两个相距很远的地点，同时测出月球中心的地平高度角，再用三角函数的计算方法，求得地月距离。运用这种方法求得的结果，基本接近地月的实际距离。

20世纪中叶，雷达测距技术的应用，改变了地月距离的测定方法。人们在地面观测站通过巨大的雷达天线向月球发射无线电讯号，无线电波到达月球表面，再反射回到地面观测站。根据观测站记录的同一无线电讯号发射时刻（$t1$）和接收时刻（$t2$），以及无线电波传播速度——光速（C），就可以计算出地月距离。若以D表示地月距离，则：

用雷达测距的方法来测定地月距离比较简便，所求得的地月距离也更加精确。但是，仍然有±1千米的误差。

激光技术的出现，为测定地月距离提供了更加先进的手段。1969年7月，“阿波罗”11号登上月球后，宇航员在月表安装了供激光测距用的光学后向反射器。自此以后，人们又开始用激光测距的方法，来测定地月距离。用激光测地月距离的原理与雷达测距一样，只是向月面发射的不是无线电波，而是脉冲激光。同雷达发射的无线电波相比较，激光在测距方面具有方向性好、光束集中等突出优点。因而用激光测得的地月距离精度进一步提高，其误差不超过10厘米。

2.月球的大小和质量

根据天体测量得知，月球的地心平均角半径（或称视半径）为15′32.6″，太阳的平均视半径为16′0″，比月球的平均视半径略大一点。因此，人们在地球上观看日、月，觉得它们的大小相差不多。实际上，太阳远远大于月球。这是因为日地距离比月地距离大得多（日地距离差不多为月地距离的400倍），才使人们感到日、月的大小几乎相等。

要了解月球的真实大小，需要求出它的线半径。通过测量，知道了月地距离（D），也知道了月球半径对地心的张角——月球视半径（ρ），也就可以计算出月球的线半径（见图2-5）。以r表示月球的线半径，则：

$$r=D\sin\rho$$

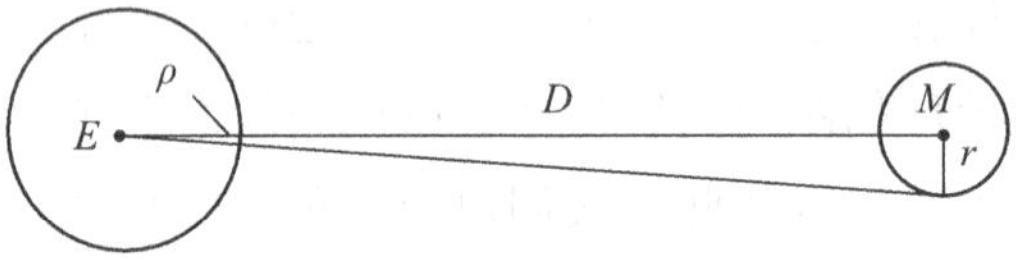

图 2-5　月球线半径测算

根据上述公式求得的月球平均线半径为1738.2千米，约为地球平均半径长的1/4。由月球线半径，可以求得月球表面面积约为3800万平方千米，大约等于地球表面积的1/14，同亚洲的面积大体相当。月球的体积约220亿立方千米，相当于地球体积的1/49。

太阳的线半径为70万千米，差不多相当于月球线半径的400倍。若论体积，月球与太阳之比大约为1：（400）^{3}，即太阳约为月球的6400万倍。

在太阳系中，多数大行星都有卫星。一般来说，卫星的质量都是比较小的，只相当于其所绕行星的几十分之一到几万亿分之一。月球的质量为7.35×10^{25}克，是较大的卫星之一，在太阳系的几十个卫星中居第六位。月球质量约是地球的1/81。月、地质量这一比值，在太阳系所有卫星与其围绕的行星质量比值中是最大的。换句话说，卫星与行星相比较，月地质量上的悬殊程度，在太阳系中是最小的。

根据月球的质量和体积，可以求得月球的平均密度为3.34克/立方厘米，相当于地球平均密度的3/5。宇航员从月球上带回的岩石，平均密度约3克/立方厘米，比月球的平均密度略小一点。

月球表面的重力加速度（1.62米/二次方秒），比地球表面的重力加速度（9.8米/二次方秒）小得多。由于月表重力大约只有地表重力的1/6，因此，同一个物体在月球上要比在地球上轻得多。例如，一个体重为60千克（在地表称量）的宇航员，如果在月球表面称量，就只有10千克重了。

月球表面的逃逸速度（2.36千米/秒），大约只相当于地表逃逸速度的1/5，气体分子很容易从月球上逃逸。因而在月球上，也就没有大气层存在。由于月球表面逃逸速度比较小，如果在月球和地球上发射同样的航天器，飞离月球要比飞离地球容易得多。

二、地月系

地球与月球构成了一个天体系统，称为地月系。在地月系中，地球是中心天体，因此一般把地月系的运动描述为月球对于地球的绕转运动（见图2-6）。然而，地月系的实际运动，是地球与月球对于它们的公共质心的绕转运动。地球与月球绕它们的公共质心旋转一周的时间为27天7小时43分11.6秒，也就是27.32166天，公共质心的位置在离地心约4671千米的地球体内。

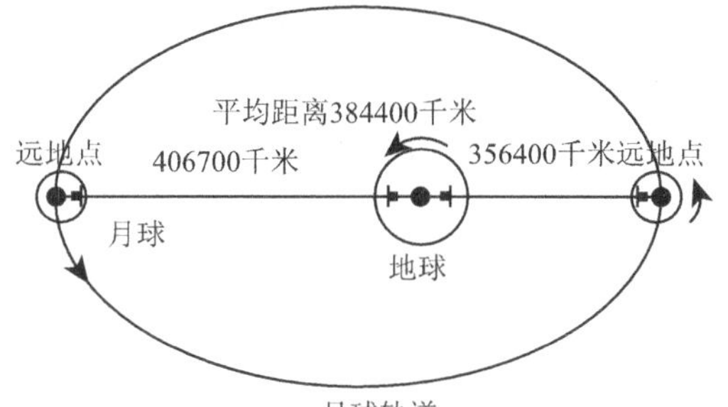

图 2-6　月球绕地球公转轨道

地球同它的天然卫星——月球所构成的天体系统，地球是它的中心天体。由于地球质量同月球质量的相差悬殊（质量比约为81.1：1），地月系的质量中心距地球表面只有约1650千米。通常所说的日地距离，实是太阳中心和地月系质心的距离；通常所说的月球绕地球公转，实是地球和月球相对于它们的共同质心的公转。由于这种公转，共同质心在地球内部有以地球恒星月为周期的位移。

地月系的形成，多数科学家认为是月球撞击地球的结果。但苦于找不到科学证据而成为一种假说。

关于地月系的形成，人们曾经用分裂说、双星吸积说、俘获说及宇宙飞船说。这些假说各有各的见解，都有缺点，难以让你心服口服。让人无法接受。后来有人提出一个新的学说：在数十亿年以前，一颗火星般大小的星体撞击地球，星体较重的核心撞击后再坠落到地球；后来下沉到地球中心变成地球核心的部分。地球表面一大片物质因为被它扔到太空，和那些星体残骸环绕地球运行，最后集合形成了月球。

如果按照这种学说推理，月球进入地球内部后，相互产生的能量爆炸会把地球炸成四大八块，不可能有完整的地球。而那些星体残骸环绕地球运行，最后形成了月球。这是利用康德的星云学说来作为地月系形成理论的。

根据近几年来探测宇宙星系所得到的资料表明，康德星云说有待从新评判。所以，以上学说不足为论。因为没有让人完全信服的理由。

地球研究学家钟关村经全面研究后确认：在远古时期的某个时间里，火星般大小的月球突然撞击地球，在极其强大的冲击能量作用下进入地壳，高温高压引发的能量爆炸使月球与地球的接触部分产生极其强烈的汽化，大量物质喷向空中。这是在引发的极其巨大的膨胀能量的作用下，迫使南北美洲板块与非（洲）欧（洲）板块相互分离。使南美洲板块脱离北美板块向南向西移去。使非洲板块脱离欧洲板块向南向东移去。使格陵兰板块直接移至北方。

当月球与地球的碰撞进入最大值，相互间的能量也转化到最大值时，这时加上板块、泥土、石沙、海水等回归地球时的反冲力，再加上地球自转产生的离心力的共同作用，使月球脱离地球而去。地月系诞生。

任务五　地球

地球是太阳系八大行星之一，按离太阳由近及远的次序排为第三颗。它有一个天然卫星——月球，二者组成一个天体系统——地月系。地球作为一个行星，远在46亿年以前起源于原始太阳星云。地球会与外层空间的其他天体相互作用，包括太阳和月球。地球是上百万生物的家园，包括人类，地球是目前宇宙中已知存在生命的唯一天体。地球赤道半径6378.137千米，极半径

6356.752千米，平均半径约6371千米，赤道周长大约为40076千米，地球上71%为海洋，29%为陆地，所以太空上看地球呈蓝色。地球是目前发现的星球中人类生存的唯一星球。

地球自转的赤道面与地球公转（见图2-7）的黄道面交角为23°26′。由于该赤黄交角的存在，地球在绕太阳公转一周即一年的时间中，太阳光顺黄道面到达地球表面的直射点将会发生周期性变化，并形成了年复一年的时令与节气往复。如果以太阳为中心、赤道面为东西方向水平延伸来观察的话，则黄道面是倾斜的，当地球顺黄道面公转到轨道的最南点时，太阳直射点到达地球上北纬最高的地方，该纬度等于赤黄交角23°26′，称为北回归线，其时令正是北半球的夏至日（南半球的冬至日）；与此相对，地球公转到轨道的最北点时，太阳直射点到达地球上南纬最高的南回归线处，此时为北半球的冬至日（南半球的夏至日）；当地球公转到与上述位置呈90°处，太阳直射点在地球赤道附近，此时为春分与秋分日。这种太阳直射点在地球赤道两侧南北回归线之间的往返运动称为太阳直射点的回归运动，回归运动的周期称为回归年，它正是地球上季节变化的周期。

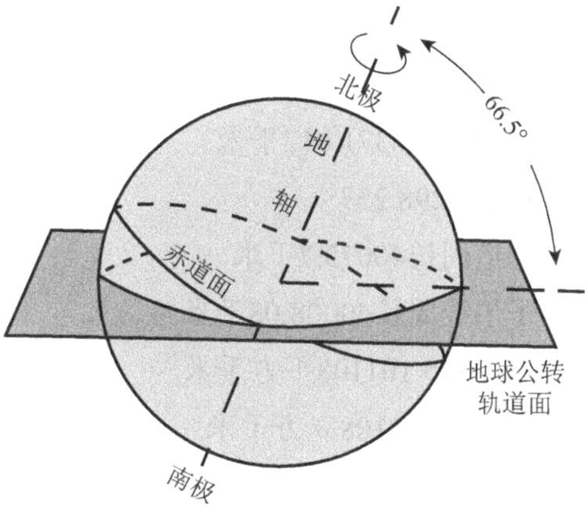

图 2-7　地轴与地球公转轨道面的交角

地球按照向太阳和背太阳的不同分为两个半球。向太阳的半球接受太阳的光照，称昼半球；背太阳的半球被地球本身的阴影所笼罩，称夜半球。由于地球的自转，使得同一地点在24小时之内分别位于昼半球和夜半球各一次，形成昼夜交替。同时，由于地球的公转，太阳直射点在地球的南北回归线之间往返，使得地球的昼半球相应地发生向南或向北偏转，从而造成了地球上不同纬度昼夜长短不同。当太阳直射点位于北半球时，昼半球向北偏转，北半球相同纬度圈上昼半球覆盖的弧长大于夜半球的弧长，因而昼长夜短，并且纬度愈大，白昼愈长，直到在纬度等于90°减太阳直射点纬度的地方，开始出现连续24小时的白昼，称为极昼；与此同时，南半球则昼短夜长，并在与北半球相对应的纬度上出现极夜（连续24小时的黑夜）。当太阳的直射点位于南半球时，则正好与上述情况相反。极昼和极夜出现的最大纬度为66°34′（90°减赤黄交角），称为南、北极圈。

一、地球的形状与大小

随着人类对地球认识的加深，人们对地球形状与大小的认识也愈来愈准确。目前，通过人造卫星的观测和计算，已能较精确地获得地球形状的数据。地球表面是非常崎岖不平的，我们通常所说的地球形状是指大地水准面所圈闭的形状，所谓大地水准面是指由平均海平面所构成并延伸通过陆地的封闭曲面。

地球的整体形状十分接近于一个扁率非常小的旋转椭球体（即扁球体）。其赤道半径略长、两极半径略短，极轴相当于扁球体的旋转轴。根据国际大地测量与地球物理联合会1980年公布的地球形状和大小的主要数据如下：

赤道半径6378.137千米

两极半径6356.752千米

平均半径6371.012千米

扁率1/298.257

赤道周长40075.7千米

子午线周长40008.08千米

表面积5.101108平方千米

体积10832108立方千米

其实，地球的真实形状与上述扁球体稍有出入。其南半球略粗、短，南极向内下凹约30米；北半球略细、长，北极约向上凸出10米。所以夸张地说，地球的真实形状略呈梨形。

二、地球的表面形态

地球表面分为陆地和海洋两大部分。其中陆地面积为1.49108平方千米，占地球表面积的29.2%；海洋面积为3.61108平方千米，占地球表面积的70.8%。陆地和海洋在地球表面的分布极不均匀，65%以上的陆地集中在北半球。各大陆的轮廓有某些相似性，所有大陆的北端宽、南端窄，大致呈倒三角形，并多在北端与其他大陆相连。三大洋则在南纬50°～60°间相互沟通。

地球表面起伏不平，陆地和海底都是如此。地表的最高点在亚洲喜马拉雅山脉的珠穆朗玛峰，海拔8848.13米；最低点位于太平洋西侧的马里亚纳海沟，在海面以下11034米；因此，地表最大垂直起伏约20千米。陆地的平均高度为

875米，海洋的平均深度为3729米。地表有二级面积较大、起伏较小的台阶，其一是海洋中深4000～5000米的大洋盆地，占地球总面积的22.6%；其二是大陆上低于1000米的平原、丘陵和低山，占地球总面积的20.8%。

（一）陆地地形特征

按照高程和起伏特征，陆地地形可分为山地、丘陵、平原、高原和盆地等类型。

1.山地

山地是海拔高度在500米以上的低山、1000米以上的中山和3500米以上的高山分布地区的总称。线状延伸的山体称山脉，成因上相联系的若干相邻的山脉称山系。大陆上现代最高、最雄伟的山系主要有两条：阿尔卑斯山-喜马拉雅山系和环太平洋山系。

2.丘陵

丘陵是指海拔小于500米、顶部浑圆、坡度较缓、坡脚不明显的低矮山丘群。如我国的胶东丘陵、川中丘陵等。世界上丘陵分布较广的地区位于俄罗斯西部的东欧平原上。

3.平原

平原是海拔低于200米、宽广平坦或略有起伏的地区。如我国的松辽平原、华北平原、长江中下游平原等。世界上最大的平原是南美的亚马孙河平原，面积达560104平方千米。

4.高原

高原是海拔高程在500米以上、面积大、顶面较为平坦或略有起伏的地区。我国青藏高原海拔4000米以上，是世界上最高的高原。世界上最大的高原是巴西高原，面积达500104平方千米。

5.盆地

四周为山地或高原、中央低平的地区称盆地。如我国的四川盆地、塔里木盆地、准噶尔盆地等。一些中、小型盆地地形中积水便成为湖泊或洼地。世界上最大的盆地是非洲的刚果盆地。

（二）海底地形特征

海洋调查表明，被海水覆盖的海底地形和大陆地形一样复杂多样，既有高山深谷，也有平原丘陵，而且规模非常庞大，外貌更为奇特壮观。根据海底地形的总体特征，海底大致可分为大陆边缘、大洋盆地和大洋中脊三个大型地形单元。其中大洋盆地的面积约占海洋面积的1/2，大洋中脊则约占1/3。

1.大陆边缘

大陆边缘是大陆与大洋盆地之间的过渡地带。由海岸向深海方向，大陆边缘常包括大陆架、大陆坡和大陆基。有时在大陆边缘则出现岛弧与海沟地形。

（1）大陆架是海与陆地接壤的浅海平台，其范围是由海岸线向外海延伸至海底坡度显著增大的转折处。大陆架部分的海底坡度平缓，一般小于0.3，平均约0.1。其水深一般不超过200米，最深可达550米，平均为130米。大陆架的宽度差别很大，平均为75千米，欧亚大陆的北冰洋沿岸可达1000千米以上。

（2）大陆坡是大陆架外侧坡度明显变陡的部分。其平均坡度为4.3，最大坡度可达20以上；水深一般200～2000米；平均宽度为20～40千米。大陆坡上常发育有海底峡谷，峡谷的下切深度可以达数百米乃至千米以上，两壁陡峭，有些海底峡谷可切过整个大陆架与现代大河河口相接。

（3）大陆基是大陆坡与大洋盆地之间的缓倾斜坡地。坡度通常为5～35，水深一般2000～4000米，展布宽度可达1000千米。大陆基主要分布于大西洋和印度洋边缘，在海沟发育的太平洋边缘不发育。

（4）岛弧与海沟岛弧是大洋边缘延伸距离很长、呈弧形展布的岛群。如在太平洋北部和西部边缘有阿留申、千岛、日本、琉球、菲律宾、马里亚纳、汤加、克马德克等群岛。海沟是大洋边缘的巨型带状深渊，其长度常达1000千米以上，宽度近100千米，深度多在6000米以上。海沟常与岛弧平行伴生，发育在岛弧靠大洋一侧的边缘，与岛弧组成一个统一的海沟—岛弧系。如在前述太平洋西侧的各岛弧东侧边缘都存在海沟。海沟也可以与大陆海岸的弧形山脉相邻，这种情况可以看成是岛弧与大陆连接在一起的情形。如太平洋东侧南美大陆边缘的秘鲁—智利海沟等。

所以，通常把大陆边缘分为两类。一类是由大陆架、大陆坡和大陆基组成，这类大陆边缘主要分布于大西洋，称为大西洋型大陆边缘；另一类是由大陆架、大陆坡和海沟组成，主要分布于太平洋，称为太平洋型大陆边缘。

2.大洋中脊

大洋中脊是绵延在大洋中部（或内部）的巨型海底山脉，它具有很强的构造活动性，经常发生地震和火山活动。大洋中脊在横剖面上一般呈较对称的中间高、两侧低的形态；中部通常高出深海底2000～3000米；其峰顶距海面一般2000～3000米（个别地点可露出海面，如冰岛、亚速尔群岛等）；宽度可达2000～4000千米。大洋中脊在各大洋中均有分布，且互相连接，全长近65000千米，堪称全球规模最大的山系 。大洋中脊轴部常有一条纵向延伸的裂隙状深谷，称中央裂谷。该裂谷一般宽数十千米，深可达1000～2000米。

3.大洋盆地

大洋盆地是介于大陆边缘与大洋中脊之间的较平坦地带，平均水深4000～5000米。大洋盆地主要可分为深海丘陵和深海平原两类次级地形。深海丘陵为高度几十至几百米的海底山丘组成的起伏高地，深海平原是坡度很小（平均小于1/1000）的洋底平缓地形。此外，大洋盆地中常可见规模不大、地势比较突出的孤立高地，称为海山。顶部平坦的海山称为平顶海山，其成因一般认为是海山顶部接近海面时被海浪作用夷平而成。有些海山呈链状分布，延伸可达上千千米，称为海岭。海山顶部如露出海面以上即成为大洋中的岛屿。

项目三　地球的物质组成

地球是一个物质世界，近60万亿亿吨的物质几乎都集中在固体地球里面，并主要以岩石和金属的形式出现。其中地核和地幔主要由金属组成，地壳主要由俗称石头的岩石（如石灰岩、花岗岩、砂岩等）组成。岩石又是由各种各样的矿物集合而成（如石灰岩是方解石、白云石等矿物的集合体；花岗岩是石英、长石、黑云母等古物的集合体）矿物和金属则是由化学元素结合而成的，有的矿物为元素单质（如金刚石是碳的单质）；有的为元素的化合物（石英是氧和硅的化合物）。

在地球演变过程中，各种岩石、矿物和元素始终进行着成分、能量的交换和状态的变化，原有的岩石和矿物不断遭到破坏，新的岩石和矿物不断形成，尽管其过程是极其缓慢的，但却时刻都在不停地进行着，从而可造成某些元素或矿物的分散和富集作用，形成有价值的矿产资源。人们把在当前技术条件下可以利用的岩石统称为矿石，而把不能利用的称为岩石。从发展的眼光看，自然界所有的岩石都将可能成为矿石。

任务一　地球中的元素

一、元素的概念

元素就是具有相同的核电荷数（即核内质子数）的一类原子的总称。从哲学角度解析，是原子的电子数目发生量变而导致质变的结果。

关于元素的学说，即把元素看成构成自然界中一切实在物体的最简单的组成部分的学说。早在远古就已经产生了，不过，在古代把元素看作是物质的一种具体形式的这种近代观念是不存在的。无论在我国古代的哲学中还是在印度或西方的古代哲学中，都把元素看作是抽象的、原始精神的一种表现形式，或是物质所具有的基本性质。

二、地球中的元素

据万有引力定律计算，地球的质量为5976×10^{24}克，千克几乎都集中在固体地球内部，以矿物或岩石的形式出现，而大气、水和生物体的总质量不足0.1%，但占领的空间极大。地球的密度从地球内部向大气圈外层越来越小（见表3-1）。

表3-1　地球质量与密度的分配

	质量，$\times10^{24}$克	密度，克/立方厘米
大气	0.005	
海洋	1.41	1.03
冰川	0.023	0.9
大陆地壳	17.93	2.7
大洋地壳	7.71	2.9
地幔	4068	4.53
地核	1881	10.72
总计或平均	5976	5.517

据近年来的研究表明，组成整个地球的物质，按质量百分比计算，占98%以上的八大元素是铁、氧、硅、镁、镍、硫、钙、铝；其他所有元素仅占1.5%。其中铁的含量竟高达总含量的1/3有余，铁与镍大部分以金属状态集中存在于地核中；而氧、硅、铝、铁和镁则主要赋存于地壳和地幔中；氧的含量也近1/3，氧和硅共同构成地壳中最常见的硅酸盐岩石。大气圈主要是由氮、氧组成；水圈是由氧、氢组成；生物圈是以氧、碳、氢组成。虽然地球的外部圈层中所有元素的质量和地球的总质量相比，不及千分之一，但它们对人类所产生的影响快速而强烈，丰富而多变。

宇宙、太阳系、地球的数据是在美国化学家克拉克对地壳元素丰度的研究基础上，加上采用其他的方法推算出的。

后以硅原子数量为基数的元素的相对宇宙丰度，按质量估算出92种元素在地球中含量的百分数。

三、地壳中的元素

地壳中各元素的含量从大到小依次为氧、硅、铝、铁、钙、钠、钾、镁、氢百分比分别为：氧48.60%、硅26.30%、铝7.73%、铁4.75%、钙3.45%、钠2.74%、钾2.47%、镁2.00%、氢0.76%、其他1.20%（见图3-1）。氧、硅、铝、铁、钙是地壳中含量前五位的元素。

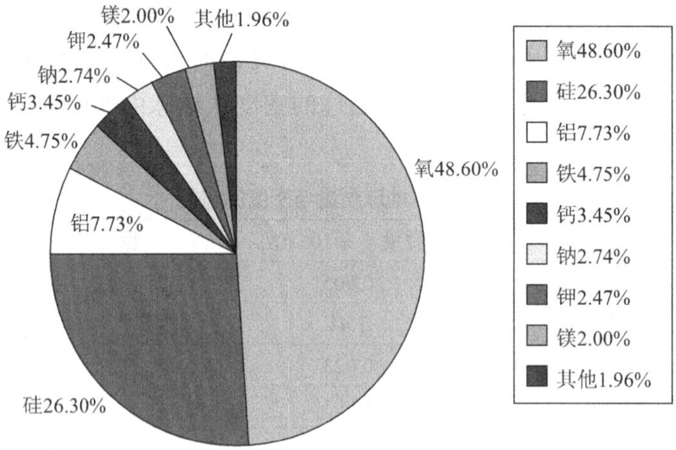

图 3-1　地壳中的化学元素

地壳中各种化学元素平均含量的原子百分数称为原子克拉克值，地壳中原子数最多的化学元素仍然是氧，其次是硅，氢是第三位。

大约99%以上的生物体是由10种含量较多的化学元素构成的，即氧、碳、氢、氮、钙、磷、氯、硫、钾、钠；镁、铁、锰、铜、锌、硼、钼的含量较少；而硅、铝、镍、镓、氟、钽、锶、硒的含量非常少，称为微量元素。表明人与地壳在化学元素组成上的某种相关性。

地壳中含量最多的元素是氧，但含量最多的金属元素则要首推铝了。铝占地壳总量的7.73%，比铁的含量多一倍，大约占地壳中金周元素总量的三分之一。

铝对人类的生产生活有着重大的意义。它的密度很小，导电、导热性能好，延展性也不错，且不易发生氧化作用，它的主要缺点是太软。为了发挥铝的优势，弥补它的不足，故而使用时多将它制成合金。铝合金的强度很高，但重量却比一般钢铁轻得多，它广泛用来制造飞机、火车车厢、轮船、日用品等。由于它的导电性能好，它又被用来输电。由于它有很好的抗腐蚀性和对光的反射性，因而在太阳能的利用上也一展身手。

任务二　地壳中的矿物

矿物是单个元素或若干个元素在一定地质条件下形成的具有特定理化性质的化合物，是构成岩石的基本单元。矿物多数是在地壳（地球）物理化学条件下形成的无机晶质固体，也有少数呈非晶质和胶体。自有人类以来人们就开始了对矿物的认识和利用，人类有了文字就有了对矿物认识的记载。矿物学作为一门独立的学科已有近三个世纪的历史了，20世纪20年代以来在矿物学研究中逐步引入了现代科学技术的研究手段和方法，使矿物学进入了由表及里、由宏观到微观的研究层次，开始了矿物成分、结构与物理性质、开发应用综合研究的新阶段。

一、矿物的基本化学组成

1. 矿物化学组成

自然界中每种矿物都有一定的化学成分，根据它们的化学组成大致可以分为以下几种类型。

（1）单质矿物

仅由一种元素组成的矿物。如自然的金属元素金、银、铜等；自然的非金属元素，硫黄、石墨、金刚石等。

（2）化合物

由两种或两种以上的元素组成的矿物。化合物的种类很多，主要有硫化物、卤化物、氧化物、氢氧化物、含氧盐类。

（3）含水化合物

矿物中的水除了普通水分子外，还包括氢离子、氢氧根离子、水合氢离子等水的形式。矿物中的水常以不同的方式存在于矿物中，最主要的形式有胶体水、结晶水、结构水。

2.晶质与非晶质

（1）晶质与晶质体

晶质是指矿物内部的质点（分子、离子、原子）在空间上规则地进行排列，形成具有平移对称的晶体格架。晶质体则是具有晶质的内部结构的矿物实体。

（2）非晶质与非晶质体

非晶质是指矿物内部的质点（分子、离子、原子）在空间上排列不规则，不具有平移对称。晶质体则是具有非晶质的内部结构的矿物实体。

3.晶体外形

晶质体与非晶质体都具有相对稳定的外部形态特征，突出的特点是具有与内部结构相协调的外部几何对称性。完整的晶质体外为一封闭的几何多面体。它是由一个或多个几何单形组成的。根据对称操作推导出的几何单形共有47种。

晶体外部平坦面称为晶面，晶面上常见晶体生长中交替生长不同单形而造成的晶面纹饰。由两个晶面相交组成晶棱，由三个晶面相交构成一个顶角。

二、矿物及种类

提及矿物，人们最常见的便是石英，见图3-2（a）。石英是地表最常见、最普遍，也是最重要的一种固体矿物。它是由一个硅原子和两个氧原子组成的，其化学式为二氧化硅；它具有一定的形状，即单体多呈六方单锥（图3-2（b）），而多以晶簇的形式出现并具有无色、透明、玻璃光泽、硬度大等特性。因此，可得出矿物是在地壳中由化学元素组成的天然化合物。大多数矿物是由两种以上的元素组成的；少数是由一种元素构成的单质矿物，如金刚石、石墨、自然硫等。矿物具有一定的物理性质，化学、光学特性和外部形态。既然矿物绝大部分是固体的，那么矿物就一定具有形状、大小。而其形状、大小又主要受到矿物晶体构造所控制。因矿物晶体太小，肉眼很难辨认。利用X射线研究发现，矿物按其内部结构特点可分为晶体与非晶体两类。晶体矿物的内部质点（原子、离子、分子）在三维空间中呈现规律的无限重复的几何排列，形成晶体结构（见图3-3）。如石盐晶体结构中，钠离子和氯离子在三维空间中按相间排列的方式作无限延伸，形成规律的立方体几何图形（图3-4）。如果组成矿物的质点在三维空间中是呈不规则排列的几何图形则称为非晶体。自然界大部分固体矿物是晶体。

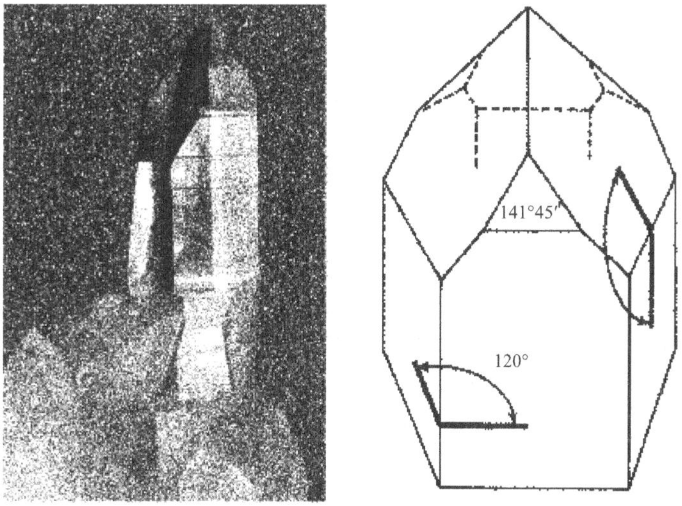

(a)　　　　　　　　(b)

图 3-2　（a）石英晶簇　　　　（b）石英六方单锥晶体

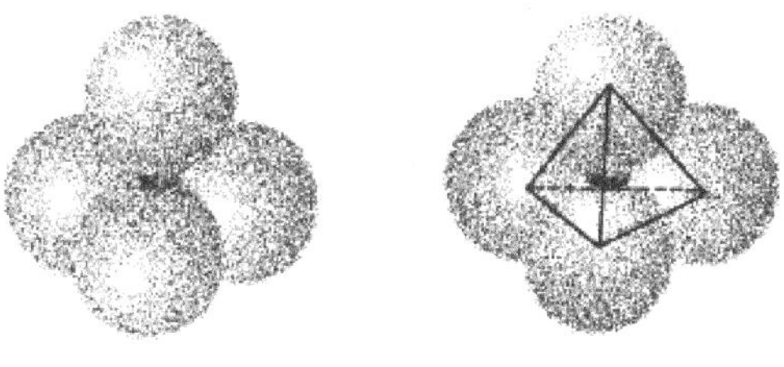

图 3-3　硅氧四面体晶体结构

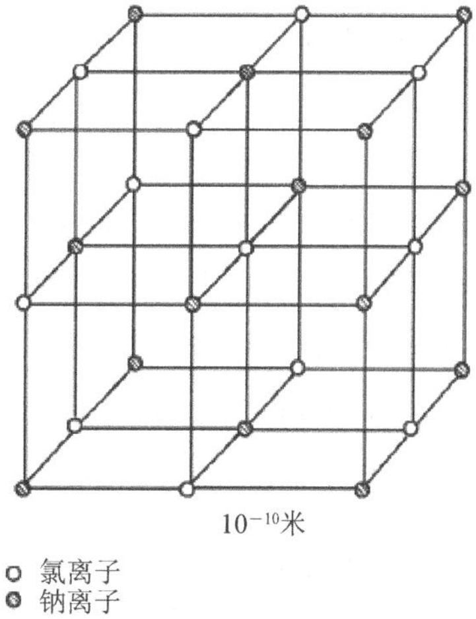

图 3-4　石盐的晶体结构

浅色大球表示氧原子；深色小球表示硅原子。说明4个氧原子围绕着一个硅原子构成一个硅氧四面体。这就是地壳造岩矿物中分布最广的元素（硅和氧）构成的晶体结构。

不同的矿物化学成分与内部结构不同，就决定了其不同的外部形态与物理性质，这种特征的矿物形态与物理性质是鉴定矿物的重要依据。

综上所述：

1.矿物必须是自然产出。任何人工的、实验室里合成的，或非因地球的地质作用产生的物质均不为矿物。如人造钻石、由松树脂形成的琥珀。

2.矿物必须是固体。除了天然汞（水银）为天然产出的液体外，绝大多数矿物都是固体的。

3.矿物具有一定的化学成分。如金、石英等，而煤无一定的化学式，不属于矿物。

4.矿物具有晶体结构特征。即矿物内部质点排列有序，如玻璃。

因此，人们可根据不同的化学组成、矿物形态、结构特征进行辨别不同的矿物。但有趣的现象是，相同的化学组分的矿物不一定形成同一样的矿物。如金刚石与石墨。它们都是由碳原子组成，但其晶体结构十分不同。这是因为控制矿物形成的化学组分在不同的地质条件（如温度、压力等）下可形成不同的晶体构造，于是产生结构不同、晶体形态与习性均各异的矿物。金刚石形成在火山强烈爆炸下的高压状态；而石墨则主要因一定的温度经变质作用而成。因此金刚石具有无色透明，坚硬无比的特性；而石墨为黑色不透明的，硬度很小。

自然界的矿物种类繁多，目前已知的矿物有3600余种，但目前已被人类利用的矿物仅200余种。按矿物的化学成分可分为六大类。它们是自然元素矿物、硫化物矿物、氧化物和氢氧化物类矿物、卤化物类矿物及含氧盐类矿物。其中含氧盐类中的硅酸盐类矿物（如石英、斜长石、钾长石、黑云母、白云母、普通辉石、普通角闪石、橄榄石和黏土矿物等）最多，约占矿物总量的91%；矿种有800余种，其总量估计占地壳质量的80%。因此也称为造岩矿物。

三、矿物的性质

1.矿物的物理性质

矿物物理性质是鉴别矿物的主要依据。

（1）颜色

颜色是矿物对不同波长可见光吸收程度不同的反映。它是矿物最明显、最直观的物理性质。据成色原因可分为自色、他色和假色。自色是矿物本身固有的成分、结构所决定的颜色，具有鉴定意义。他色是矿物混入了某些杂质所引起的。假色则是由于矿物内部裂隙或表面的氧化膜对光的折射、散射引起的。

（2）条痕

条痕是矿物粉末的颜色，一般是指矿物在白色无釉瓷板（条痕板）上划擦时所留下的粉末的颜色。条痕比矿物的颜色更固定，但只适用于一些深色矿物，对浅色矿物无鉴定意义。

（3）透明度

透明度是指矿物透过可见光波的能力，即光线透过矿物的程度，肉眼鉴定矿物时，一般可分为透明、半透明、不透明三级。

（4）光泽

光泽是矿物表面的反光能力，根据矿物表面反光程度的强弱，用类比方法常分为四个等级：金属光泽、半金属光泽、金刚光泽及玻璃光泽。由于矿物表面不平，内部裂纹，或成隐晶质和非晶集合体等，可形成某种独特的光泽，如丝绢光泽、油脂光泽、蜡状光泽、珍珠光泽、土状光泽等。

（5）解理与断口

矿物在外力作用（敲打或挤压）下，严格沿着一定方向破裂成光滑平面的性质称为解理。据解理产生的难易程度，可将矿物的解理分成五个等级：①极完全解理，②完全解理，③中等解理，④不完全解理，⑤极不完全解理。不同种类的矿物，其解理发育程度不同，有些矿物无解理，有些矿物有一组或数组程度不同的解理。如云母有一组解理，长石有二组解理，方解石则有三组解理。如果矿物受外力作用，无固定方向破裂并呈各种凹凸不平的断面，如贝壳状、参差状等，则叫作断口。

（6）硬度

硬度指矿物抵抗外力的刻画、压入或研磨等机械作用的能力。在鉴定矿物时常用一些矿物互相刻画比较其相对硬度，一般用10种矿物分为10个相对等级作为标准，称为莫氏硬度计。

（7）其他性质

如相对密度、磁性、弹性、挠性、脆性等。此外，利用与稀盐酸的反应程度，对于鉴定方解石、白云石等矿物也是有效的手段之一。

2.矿物的化学性质

化学组成和晶体结构是每种矿物的基本特征，是决定矿物形态和物理性质以及成因的根本因素，也是矿物分类的依据，矿物的利用也与它们密不可分。

任务三　岩浆岩

地壳中的岩石，由于地壳活动或岩浆活动的影响，受到高温、高压的作用和岩浆的化学作用，使原来岩石的内部矿物成分、结构和构造上发生了变化，从而形成一种新的岩石，称为变质岩，这种变化称为变质作用。因为原来岩石的性质不同，变质作用的性质和强度不同，所形成的变质岩亦各有不同之处。总的来说，变质作用的结果可以概括为两方面：一是岩石的矿物重新结晶或产生新矿物；二是某些矿物在定向压力下呈定向排列形成片理构造。

变质作用可分为两大类：接触变质作用及区域变质作用。

前者是指地壳深处的岩浆上升，侵入原生岩时，原生岩受到岩浆高温（可达1000摄氏度以上）的影响，或受到岩浆中分异出来的挥发成分及热液的影响而发生变质。这种变质作用又可称为热力变质作用，其变质带——受热而重新结晶的范围——范围较小，一般呈狭长带状分布。

区域变质作用，是由地壳运动所引起的大范围变质现象，是各种变质因素作用的结果。如天山、祁连山地区都曾经过区域变质作用。

地壳及地幔的上部是由岩石组成的，称为岩石圈。岩石圈的岩石按成因分为三大类，即岩浆岩、沉积岩、变质岩。

一、概述

岩浆岩又称火成岩，是由岩浆喷出地表或侵入地壳冷却凝固所形成的岩石，有明显的矿物晶体颗粒或气孔，约占地壳总体积的65%，总质量的95%。岩浆是在地壳深处或上地幔产生的高温炽热、黏稠、含有挥发分的硅酸盐熔融体。是形成各种岩浆岩和岩浆矿床的母体。岩浆的发生、运移、聚集、变化及冷凝成岩的全部过程，称为岩浆作用。目前已经发现700多种岩浆岩，大部分是在地壳里的岩石。常见的岩浆岩有花岗岩、安山岩、玄武岩、苦橄岩等。一般来说，岩浆岩易出现于板块交界地带的火山区。

二、作用方式

岩浆作用主要有两种方式：喷出作用和侵入作用。并据此将岩浆岩分为喷出岩和侵入岩。

喷出岩是由火山喷发时喷出的岩浆冷凝而成的矿物岩石，多数为岩浆岩组成，质地疏松多孔。

侵入岩指液态岩浆在造山作用下贯入同期形成的构造空腔内，在深处结晶和冷凝而形成的火成岩。

三、形成特征

岩浆岩主要有侵入和喷出两种产出情况。侵入在地壳一定深度上的岩浆经缓慢冷却而形成的岩石，称为侵入岩。侵入岩固结成岩需要的时间很长。地质学家们曾做过估算，一个2000米厚的花岗岩体完全结晶大约需要64000年；岩浆喷出或者溢流到地表，冷凝形成的岩石称为喷出岩。喷出岩由于岩浆温度急剧降低，固结成岩时间相对较短。1米厚的玄武岩全部结晶，需要12天，10米厚需要3年，700米厚需要9000年。可见，侵入岩固结所需要的时间比喷出岩要长得多。

1.黏度

黏度也是岩浆很重要的性质之一，它代表着岩浆流动的状态和程度。岩浆中二氧化硅的含量对黏度影响最大，其次是氧化铝，三氧化二铬，它们的含量增高，岩浆黏度会明显增大。酸性岩中二氧化硅、氧化铝的含量很高，因此，黏度也最大；溶解在岩浆中的挥发份可以降低岩浆的黏度、降低矿物的熔点，使岩浆容易流动，结晶时间延长；此外，岩浆的温度高，黏度相应变小；岩浆承受的压力加大，岩浆的黏度也增大。

2.构造特征

岩浆岩中有一些自己特有的结构和构造特征，比如喷出岩是在温度、压力骤然降低的条件下形成的，造成溶解在岩浆中的挥发份以气体形式大量逸出，形成气孔状构造。当气孔十分繁多时，岩石会变得很轻，甚至可以漂在水面，形成浮岩。如果这些气孔形成的空洞被后来的物质充填，就形成了杏仁状构造。岩浆喷出到地表，熔岩在流动的过程中其表面常留下流动的痕迹，有时好像几股绳子拧在一起，岩石学家称之为流纹构造、绳状构造。如果岩浆在水下喷发，熔岩在水的作用下会形成很多椭球体，称之为枕状构造。可见，这些特殊的构造只存在于岩浆岩中。

岩浆岩不论侵入到地下，还是喷出到地表，它们和周围的岩石之间都有明显的界限。如果岩浆沿着层理或片理等空隙侵入，常形成类似岩盆、岩床、岩盖等形状的侵入体，它们和围岩的接触面基本上和层理、片理平行，在地质学上称为整合侵入；如果岩浆不是沿着层理或片理侵入，而是穿过围岩层理或片理的断裂、裂隙贯入，这种情况形成的侵入体被称为不整合侵入体。人们通常所说的岩墙，就是穿过岩层近乎直立的板状侵入体，厚度一般为几十厘米到几十米，长度可以从几十米到数十千米，甚至数百千米。

由于岩浆岩和围岩有很密切的接触关系，因此，围岩的碎块常被带到岩浆中，成为岩浆的捕虏体。但是生物化石和生物活动遗迹在岩浆岩中是不存在的。

在岩浆从上地幔或地壳深处沿着一定的通道上升到地壳形成侵入岩或喷出到地表形成喷出岩的过程中，由于温度、压力等物理化学条件的改变，岩浆的性质、化学成分、矿物成分也随之不断地变化，因此，在自然界中形成的岩浆岩是多种多样、千变万化的，如基性岩、中性岩、酸性岩，还有碱性岩、碳酸盐岩等岩类，也充分说明了岩浆成分的复杂多样性。

四、冷凝特征

岩浆岩是由岩浆直接冷凝形成的岩石，因此，具有反映岩浆冷凝环境和形成过程所留下的特征和痕迹，与沉积岩和变质岩有明显的区别。

不论喷出岩，还是侵入岩，大部分岩浆岩都是块状结晶的岩石，只有少数急速冷却形成的玻璃质岩石，如黑曜岩，外貌像沥青，就是完全由玻璃质组成的，这种玻璃质岩石一般只形成在岩浆岩中。

人们已经注意到每块岩石里面都有许多大小、形状、颜色不同的颗粒，它们就是组成岩石的矿物。虽然已知的矿物有将近4000种，但是，比较常见的组成岩石的矿物并不是很多。岩石学中把这些主要组成岩石的矿物称为主矿物；在岩石中虽然常见、但含量很少的矿物称为副矿物；没来得及结晶的玻璃质或隐晶质称为基质。

岩浆岩中除了具有特有的结构、构造之外，还有一些特有的矿物。有些在岩浆岩中出现的矿物（如石英、长石、角闪石、云母等），它们在沉积岩或变质岩中也可以见到。但是，有些矿物（如霞石、白榴石等）却只有在偏碱性的岩浆岩中才能见到。

此外，不同的岩石中还有着不同的矿物组合。比如在比较高温和高压条件下形成的岩石，组成它们的矿物不论在成分上，还是在结构和构造上都具有在高温和高压条件下相应的特点。而在低温常压条件下形成的岩石，其矿物的特征和组合就与之截然不同。

因此，科学家们研究岩石常常是从组成岩石的矿物入手，首先在显微镜下确定岩石是由哪些矿物组成的，每个矿物的含量有多少，矿物颗粒的大小和形状是什么样，还要观察这些大小不同、形态各异的矿物是怎么分布和排列的，这就引出了“岩石结构和构造”的概念。然后，还要配合岩石的化学成分分析资料以及岩石在自然界中产出的位置和状态，也就是地质学家们所说的“岩石在野外的产状”的详细观察。最后，把所有获得的资料综合考虑，才能够知道所研究的岩石是属于哪一类，岩石定名是什么以及它们是怎么形成的。

五、岩浆岩的成分

1.化学成分

主要造岩元素包括：氧、硅、铝、铁、镁、钙、钾、钠、钛等，还有少量的磷、氢、氮、碳、锰等。主要化合物由二氧化硅、三氧化二铝、氧化铁、氧化亚铁、氧化镁、氧化钙、氧化钠、氧化钾、水九种氧化物组成。

二氧化硅是最重要的一种氧化物，它是反映岩浆性质和直接影响矿物成分变化的主要因素。

随着二氧化硅含量的增加，氧化亚铁和镁逐渐减少；而氧化钠、氧化钾则渐趋增加。氧化钙、氧化铝在纯橄榄岩中含量很低，但在辉长岩中则随二氧化硅含量的增加而增加，尤其是后者更为显著，而后随着二氧化硅含量的增加又逐渐降低。

2.矿物成分

（1）主要矿物、次要矿物、副矿物。主要矿物指在岩石中含量多，并在确定岩石大类名称上起主要作用的矿物。次要矿物指在岩石中含量少于主要矿物的矿物。副矿物指在岩石中含量很少，在一般岩石分类命名中不起作用的矿物。

（2）硅铝矿物和铁镁矿物。硅铝矿物也称为浅色矿物，指二氧化硅和三氧化二铝的含量较高，不含铁镁的矿物。如石英、长石等。铁镁矿物也称暗色矿物，指氧化亚铁与氧化镁含量较高，二氧化硅含量较低的矿物。如橄榄石、辉石、角闪石及黑云母等矿物。

（3）岩浆岩矿物的成因类型。按矿物成因可分为原生矿物、他生矿物及次生矿物。原生矿物是指在岩浆结晶过程中形成的矿物。他生矿物是指由岩浆同化围岩和俘虏体使其成分改变而形成的矿物。次生矿物是指在岩浆形成后，由于受到风化作用和岩浆期后热液蚀变作用，原来的矿物发生变化而形成的新矿物。

六、常见岩浆岩

1.花岗岩（见图3-5）

是分布最广的深成侵入岩。主要矿物成分是石英、长石和云母，浅灰色和肉红色最为常见，具有等粒状结构和块状构造。按次要矿物成分的不同，可分为黑云母花岗岩、角闪石花岗岩等。很多金属矿产，如钨、锡、铅、锌、汞、金等，稀土元素及放射性元素与花岗岩类有密切关系。花岗岩既美观抗压强度又高，是优质建筑材料。

2.橄榄岩（见图3-6）

侵入岩的一种。主要矿物成分为橄榄石及辉石，深绿色或绿黑色，比重大，粒状结构。是铂及铬矿的唯一母岩，镍、金刚石、石棉、菱铁矿、滑石等也同这类岩石有关。

图 3-5　花岗岩

图 3-6　橄榄岩

3.玄武岩（见图3-7）

一种分布最广的喷出岩。矿物成分以斜长石、辉石为主，黑色或灰黑色，具有气孔构造和杏仁状构造，斑状结构。根据次要矿物成分，可分为橄榄玄武岩、角闪玄武岩等。铜、钴、冰洲石等有用矿产常产于玄武岩气孔中，玄武岩本身可用作优良耐磨耐酸的铸石原料。

4.安山岩（见图3-8）

喷出岩之一，分布很广，仅次于玄武岩。主要矿物成分是斜长石、角闪石和少量的辉石等。新鲜时呈灰黑、灰绿或棕色，具斑状结构。与安山岩有关的矿产主要是铜，其次是金、铅、锌等。

5.流纹岩（见图3-9）

是一种与花岗岩化学成分相当的喷出岩。一般色浅，多为浅红、灰白或灰红色，具斑状结构，流纹构造。流纹岩性质坚硬致密，可作建筑材料。

图 3-7　玄武岩

图 3-8　安山岩

图 3-9　流纹岩

任务四　沉积岩

一、概述

图 3-10　沉积岩

沉积岩（见图3-10），又称为水成岩，是三种组成地球岩石圈的主要岩石之一（另外两种是岩浆岩和变质岩）。是在地表不太深的地方，将其他岩石的风化产物和一些火山喷发物，经过水流或冰川的搬运、沉积、成岩作用形成的岩石。在地球地表，有70%的岩石是沉积岩，但如果从地球表面到16千米深的整个岩石圈算，沉积岩只占5%。沉积岩主要包括有石灰岩、砂岩、页岩等。沉积岩中所含有的矿产，占全部世界矿产蕴藏量的80%。相较于火成岩及变质岩，沉积岩中的化石所受破坏较少，也较易完整保存，因此对考古学来说是十分重要的研究目标。

二、岩石形成

沉积岩是由风化的碎屑物和溶解的物质经过搬运作用、沉积作用和成岩作用而形成的。形成过程受到地理环境和大地构造格局的制约。古地理对沉积岩形成的影响是多方面的。最明显的是陆地和海洋、盆地外和盆地内的古地理影响。陆地沉积岩的分布范围比海洋沉积岩的分布范围小；盆地外沉积岩的分布范围或能保存下来的范围，比盆地内沉积岩的分布或能保存下来的范围要小一些。

大地构造环境对沉积岩的形成及其以后的变化有多方面的制约。例如在陆内造山带形成山前粗碎屑砾岩层序；在陆内断陷盆地、洼地和山前拗陷盆地，可形成湖泊、干盐湖或湖沼沉积；在稳定大陆块或克拉通之上的陆表海内，常形成厚度不大的砂质岩或碳酸盐岩组合；在大陆与火山岛弧之间或弧后海沟一带，可形成厚度很大而且包含火山岩和火山碎屑岩的韵律层状沉积岩；在大陆架到深海的斜坡带形成滑塌堆积岩或混杂岩等。古气候对沉积岩的形成的影响在陆地范围内非常明显。在干旱古气候条件下，形成大面积的陆相红色粗细碎屑岩，这是由于沉积物中的氧化亚铁常氧化为三氧化二铁。潮湿气候条件下，有机质丰富，进入沉积物中使沉积岩颜色成为暗灰或黑色。盐类在炎热干旱气候形成，煤炭在温暖潮湿气候聚集，都说明古气候对沉积岩形成是有制约作用的。生物在地质历史时期的进化，繁盛或衰亡对沉积岩的形成有明显影响，元古宙时期还未出现大量的海生动物群，因此，世界各地的中、晚元古代地层都包含大量叠层石藻灰岩，据认为在显生宙以后大量海生动物出现并以食藻为生，因而叠层石灰岩大为减少。在石炭纪，全球性的植物繁茂，形成了大量煤炭层。

古水动力条件对沉积岩的形成的影响表现为不同的水流条件形成不同的沉积或造成不同的结构构造。山前和河流的水流主要是由高处流向低处的定向水流，常形成分选差的、具单向交错层理的洪积和冲积沉积。在滨海带，潮汐带主要是往复流动的双向水流，常形成分选好的、具鱼骨状交错层理的滨海和潮汐沉积。在海洋中还有风暴流、浊流等深流造成碎屑岩的结构、构造和造岩成分的差异。此外，有些沉积岩形成后还受到地下潜水流的影响，使石灰岩发生白云岩化和硅化等次生变化。此外，冰川和风也可搬运碎屑物，在特定条件下，形成冰碛岩和风成岩。

三、特性

1.特性概述

沉积岩是指成层堆积的松散沉积物固结而成的岩石。曾称水成岩。是组成地壳的三大岩类（火成岩、沉积岩和变质岩）之一。沉积物指陆地或水盆地中的松散碎屑物，如砾石、砂、黏土、灰泥和生物残骸等。主要是母岩风化的产物，其次是火山喷发物、有机物和宇宙物质等。沉积岩分布在地壳的表层。在陆地上出露的面积约占75%，火成岩和变质岩只有25%。但是在地壳中沉积岩的体积只占5%左右，其余两类岩石约占95%。沉积岩种类很多，其中最常见的是页岩、砂岩和石灰岩，它们占沉积岩总数的95%。这三种岩石的分配比例随沉积区的地质构造和古地理位置不同而异。总的说，页岩最多，其次是砂岩，石灰岩数量最少。沉积岩地层中蕴藏着绝大部分矿产，如能源、非金属、金属和稀有元素矿产，其次还有化石群。

2.化学成分

随沉积岩中的主要造岩矿物含量差异而不同。例如，泥质岩以黏土矿物为主要造岩矿物，而黏土矿物是铝-硅酸盐类矿物，因此泥质岩中二氧化硅及三氧化二铝的总含量常达70%以上。砂岩中石英、长石是主要的，一般以石英居多，因此二氧化硅及三氧化二铝含量可高达80%以上，其中二氧化硅可达60%～95%。石灰岩、白云岩等碳酸盐岩，以方解石和白云石为造岩矿物，氧化钙或氧化钙+氧化镁含量大，二氧化硅、三氧化二铝等含量一般不足10%。

3. 造岩组分

包括碎屑组分、化学-生物化学组分、蒸发化学组分、有机质衍变组分、火山喷发组分、宇宙物质组分等。碎屑组分按物质来源又分下列几种：①陆源碎屑，指由早先生成的岩石经风化、剥蚀形成的碎屑，包括岩石碎屑和矿物碎屑。陆源矿物碎屑主要是硅—铝质的。②内碎屑，主要指沉积盆地内产生的碎屑，它是沉积盆地中固结的或半固结的沉积岩经水流、风暴、滑塌或地震等作用再次破碎而形成的。常见的是碳酸盐岩的内碎屑，也有泥质岩、铝质岩、磷质岩、硅质岩、石膏岩甚至盐岩的内碎屑角砾或砾石。③生物骨骼碎屑，多半是盆地内的钙质壳生物碎屑或壳体堆积而成，如甲壳类和珊瑚等，也包括微体动物的壳和壳屑，以及藻类和藻类的碎屑等。化学-生物化学组分，其中包括若干化学沉淀的组分。例如，由硅、铝、铁、锰、磷和硅酸盐等组成的矿物可由沉积区的化学条件控制，如铝-硅酸盐黏土矿物和铝矿物；也可由化学条件支配又受到生物、微生物细菌等的促进，如有些铁、锰、铜、铅等沉积矿物组分；还有一些元素主要依靠生物体提供，如磷质岩中的磷来自海洋生物骨骸或陆地的鸟粪，硅质放射虫岩来自放射虫的硅质壳及硅质海绵等。蒸发化学组分，半封闭盆地内最常见的蒸发组分是方解石和白云石。在封闭盆地强烈蒸发条件下，可出现石膏、硬石膏、石盐、镁盐或钾-镁盐，或天然碱、苏打等。蒸发组分与干旱气候环境有关。有机质衍变组分，各种低等和高等植物的根、茎、叶的堆积物和各种陆生的和水生的高等、低等以及微体动物的堆积物的有机质部分经埋藏和细菌分解，可衍变为由碳、氢、氧不同比例聚合而成的有机酸、脂酸、醣、纤维素和有机碳等多种衍生组分，构成煤、石油、天然气、油页岩等的主要成分。此外，有一些自然硫、锰、铁、铜、铅、锌、铀等在沉积岩中的聚集，也是在微生物或细菌活动的参与下造成的。

4.火山喷发组分

由于火山喷发而进入沉积岩的物质，包括凝灰质、矿物晶屑、喷发的岩石碎屑和岩浆的浆屑等。陆地的火山喷发和海洋的火山喷发都可带来这些组分。海底火山喷发，还可由火山喷出的热水、气体等，把多种元素离子，如硅、铁、磷、镍、铜、铅、锌、锰、铀等，带入海水。这些元素经过富集，可在沉积岩、沉积层内形成矿床，或促进有关的沉积矿床的形成（见图3-11）。

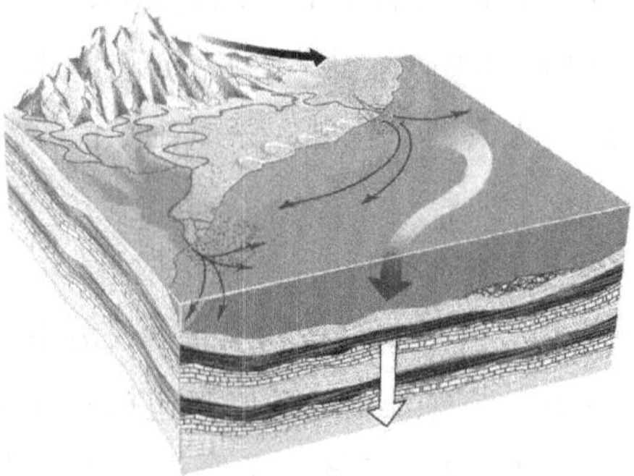

图 3-11　沉积岩形成示意图

5.宇宙物质组分

在沉积岩中含少量宇宙物质，如陨石、宇宙尘。宇宙尘的研究不仅可了解沉积岩本身，而且还可进一步了解各地质时代沉积岩形成时，天体可能发生的某些事件或变化。

四、岩石分类

沉积岩分类考虑岩石的成因、造岩组分和结构构造三个因素。一般沉积岩的成因分类比较粗略，按岩石的造岩组分和结构特点的分类比较详细。外生和内生实际上是指盆地外和盆地内的两种成因类型。盆地外的，主要形成陆源的硅质碎屑岩，但是陆地的河流等定向水系可将陆源碎屑物搬运到湖、海等盆地内部而沉积、成岩；盆地内的，形成的内生沉积岩的造岩组分，除了直接由湖、海中析出的化学成分外，也可能有一部分来自陆地的化学或生物组分。因此，可简单地概分为两类：①陆源碎屑岩，主要由陆地岩石风化、剥蚀产生的各种碎屑物组成。按颗粒粗细分为砾岩、砂岩、粉砂岩和泥质岩。②内积岩，主要指在盆地内沉积的化学岩、生物-化学岩，也可由风浪、风暴、地震和滑塌作用将未充分固结的岩石破碎再堆积，成为内碎屑岩。内积岩按造岩成分分为铝质岩、铁质岩、锰质岩、磷质岩、硅质岩、蒸发岩、可燃有机岩（褐煤、煤、油页岩）和碳酸盐岩（石灰岩、白云岩等）。此外，由不同性质的水流可形成不同沉积岩。如浊流作用形成浊积岩，风暴流作用形成风暴岩，平流作用形成平流岩，滑塌作用可形成滑积岩，造山作用前后常可分别形成复理石和磨拉石。母岩分化产物形成的沉积岩是最主要的沉积岩类型，包括碎屑岩和化学岩两类。碎屑岩根据粒度细分为砾岩、砂岩、粉砂岩和黏土岩；化学岩根据成分，主要分出碳酸盐岩、硫酸盐岩、卤化物岩、硅岩和其他一些化学岩。火山碎屑岩主要由火山碎屑物质组成，是介于火山岩与沉积岩之间的岩石类型，有向熔岩过渡的火山碎屑熔岩类和向沉积岩过渡的火山碎屑沉积岩类。火山碎屑占90%以上的岩石，被称为火山碎屑岩类。生物遗体可组成可燃性（如煤及油页岩）和非可燃性两种生物岩。

1.砾岩

是粗碎屑含量大于30% 的岩石。绝大部分砾岩由粒度相差悬殊的岩屑组成，砾石或角砾大者可达1米以上，填隙物颗粒也相对比较粗。具有大型斜层理和递变层理构造。

2.砂岩

在沉积岩中分布仅次于黏土岩。它是由粒度在2～0.1毫米范围内的碎屑物质组成的岩石。在砂岩中，砂含量通常大于50%，其余是基质和胶结物。碎屑成分以石英、长石为主，其次为各种岩屑以及云母、绿泥石等矿物碎屑。

3.粉砂岩

岩中，0.1～0.01毫米粒级的碎屑颗粒超过50%，以石英为主，常含较多的白云母，钾长石和酸性斜长石含量较少，岩屑极少见到。黏土基质含量较高。黏土岩是沉积岩中分布最广的一类岩石。其中，黏土矿物的含量通常大于50%，粒度在0.005～0.0039毫米范围以下。主要由高岭石族、多水高岭石族、蒙脱石族、水云母族和绿泥石族矿物组成。

4. 碳酸盐岩

常见的岩石类型是石灰岩和白云岩，是由方解石和白云石等碳酸盐矿物组成的。碳酸盐中也有颗粒，陆源碎屑称为外颗粒；在沉积环境以内形成并具有碳酸盐成分的碎屑称为内碎屑。在中国北方寒武系和奥陶系的石灰岩中广泛分布着一种竹叶状的砾屑，这些竹叶状灰岩反映了浅水海洋动荡的沉积环境，是由未固结的碳酸盐经强大的水流、潮汐或风暴作用，破碎、磨蚀、搬运和堆积而成的。在鲕状灰岩中常见到具有核心或同心层结构的球状颗粒，很像鱼子，得名“鲕粒”。鲕粒的核心可以是外颗粒，也可以是内颗粒，还可以是化石。同心层主要由泥级（<0.005毫米）方解石晶体组成。

5. 碎屑岩

碎屑岩也称火山碎屑岩，是火山碎屑物质的含量占90%以上的岩石，火山碎屑物质主要有岩屑、晶屑和玻屑，因为火山碎屑没有经过长距离搬运，基本上是就地堆积，因此，颗粒分选和磨圆度都很差。

沉积岩的体积只占岩石圈的5%，但其分布面积却占陆地的75%，大洋底部几乎全部为沉积岩或沉积物所覆盖。沉积岩不仅分布极为广泛，而且记录着地壳演变的漫长过程。如今已知，地壳上最老的岩石，其年龄为46亿年，而沉积岩圈中年龄最老的岩石就36亿年（苏联科拉半岛）。沉积岩中蕴藏着大量的沉积矿产，如煤，石油，天然气，盐类等，而且铁锰铝铜铅锌等矿产中沉积类型的也占有很大的比重。同时，沉积岩分布地区又是水文地质和工程地质的主要场所。因此，研究沉积岩，对发展地质科学的理论、寻找丰富的沉积矿产以及水文地质和工程地质工作均具有重要意义。

任务五　变质岩

一、简介

变质岩（见图3-12），是指受到地球内部力量（温度、压力、应力的变化、化学成分等）改造而成的新型岩石（见图3-13）。固态的岩石在地球内部的压力和温度作用下，发生物质成分的迁移和重结晶，形成新的矿物组合。如普通石灰石由于重结晶变成大理石。

图 3-12　变质岩

变质岩是在高温、高压和矿物质的混合作用下由一种岩石自然变质成的另一种岩石。质变可能是重结晶、纹理改变或颜色改变。

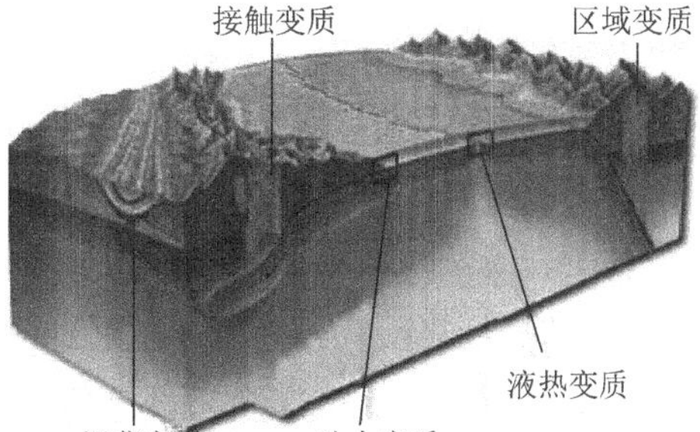

图 3-13　示意图

变质岩是在地球内力作用，引起的岩石构造的变化和改造产生的新型岩石。这些力量包括温度、压力、应力的变化、化学成分。固态的岩石在地球内部的压力和温度作用下，发生物质成分的迁移和重结晶，形成新的矿物组合。如普通石灰石由于重结晶变成大理石。

变质岩是组成地壳的主要成分，一般变质岩是在地下深处的高温（要大于150摄氏度）高压下产生的，后来由于地壳运动而出露地表。

一般变质岩分为两大类，一类是变质作用作用于岩浆岩（即：火成岩），形成的变质岩成为正变质岩；另一类是作用于沉积岩，生成的变质岩为副变质岩。

大面积变质的岩石为区域性的，但也有局部性的，局部性的如果是因为岩浆涌出造成周围岩石的变质称为接触变质岩；如果是因为地壳构造错动造成的岩石变质为动力变质岩。

原岩受变质作用的程度不同，变质情况也不同，一般分为低级变质、中级和高级变质。变质级别越高，变质程度越深。如沉积岩黏土质岩石在低级作用下，形成板岩；在中级变质时形成云母片岩；在高级变质作用下形成片麻岩。

岩石在变质过程中形成新的矿物，所以变质过程也是一种重要的成矿过程，中国鞍山的铁矿就是一种前寒武纪火成岩形成的一种变质岩，这种铁矿占全世界铁矿储量的70%。此外如锰钴铀共生矿、金铀共生矿、云母矿、石墨矿、石棉矿都是变质作用造成的。

变质岩是组成地壳的主要岩石类型之一。在变质作用中，由于温度、压力、应力和具有化学活动性流体的影响，在基本保持固态条件下，原岩的化学成分、成分和结构构造发生不同程度的变化。变质岩的主要特征是这类岩石大多数具有结晶结构、定向构造（如片理、片麻理等）和由变质作用形成的特征变质矿物如蓝晶石、红柱石、矽线石、石榴石、硬绿泥石、绿帘石、蓝闪石等。

二、变质岩的基础特征

1. 变质岩的矿物

变质岩既然是由火成岩或沉积岩等岩石变化而来的，那么其矿物成分一方面保留有原岩成分，另一方面也出现了一些新的矿物。如火成岩中的石英、钾长石、斜长石、白云母、黑云母、角闪石及辉石等，由于本身是在高温、高压条件下形成的，所以在变质作用下依然保存。在常温常压下形成于沉积岩中的特有矿物，特别是岩盐类矿物，除碳酸盐矿物（方解石、白云石）外，一般很难保存在变质岩中。

变质岩除了保存着上述火成岩和沉积岩中的共有继承矿物外，变质岩中还有它特有的矿物，如石榴石、红柱石、兰晶石、矽线石、硅灰石、石墨、金云母、透闪石、阳起石、透辉石、蛇纹石、绿泥石、绿帘石、滑石等。

2. 变质岩中的常见构造

变质岩的构造系指各种矿物的空间分布和排列特点。按其成因可分为三类：

（1）变成构造：指变质作用过程中已形成的构造。这类构造是变质岩中最重要的。常见者有：

板状构造：是页岩或泥岩（黏土岩）在经微变质中所形成的一种构造。原岩组分基本上没有重结晶，岩石中表现的一组平整的破裂面，破裂面光滑而具微弱的丝绢光泽。

千枚状构造：矿物初步具有定向排列，但重结晶不强烈，矿物颗粒肉眼不能分辨，仅在片理面上见有强烈的丝绢光泽，裂开面不平整而且有小褶皱。

片理构造：主要由片状、柱状矿物（云母、绿泥石、角闪石等）平行排列连续形成面理，其粒度较千枚岩的矿物为粗，肉眼可分辨。为各种片岩特有的构造。

片麻状构造：是由变质形成的粒状矿物（长石、石英）和定向排列的片状、柱状矿物（云母、角闪石等）断续相间排列而成。往往形成片麻理，如片麻岩就具有此构造。上述几种构造主要是在定向压力作用下形成的。

块状构造：岩石中的矿物成分和结构都很均匀，无定向排列。如石英岩、大理岩等。

（2）变余构造：是指变质岩中仍存在原来岩石的构造特征。例如变余层理构造、变余气孔构造和变余流纹构造等。

（3）混合岩构造：在变质过程中，由于外来物质的加入，或原来岩石局部重熔形成的脉体与原来岩石变成的基体混合而形成的构造，如眼球状构造，脉体呈眼球形、条带状构造，脉体与原有岩体相间成条带、肠状构造，脉体被揉皱成肠状。

三、变质岩的分类

变质岩是由原有的某种岩石（沉积岩、火成岩或变质岩）经过变质作用而成，由于原岩引起变质作用原因和变质作用的类型不同，故产生的变质岩也不同。因此，变质作用的类型是变质岩划分大类的依据。现将其分类列于表3-2。

表 3-2　变质岩分类简表

动力变质岩类	接触变质岩类	区域变质岩类	混合岩类	气成水热（交代）变质岩类
碎裂岩	石英岩	板岩	条带状混合岩	蛇纹岩
糜棱岩	角岩	千枚岩	肠状混合岩	云英岩
	大理岩	片岩	眼球状混合岩	矽卡岩
		片麻岩		
		大理岩		
		石英岩		

四、观察变质岩的方法

在野外鉴定变质岩时，首先要注意产状的观察，如石英岩和大理岩在接触变质或区域变质作用中均可形成，片岩和片麻岩为区域变质的产物，从岩性上无法区别某些变质岩的成因类型。又如有些石英岩与变质石英砂岩，结晶灰岩与大理岩等在室内也难于区别，但我们只要结合野外产状、分布及共生的岩石类型就能较好的解决。（见表3-3）

在室内肉眼鉴定变质岩的具体步骤是：

区别常见的几种变质岩构造，如板状、千枚状、片状及片麻状等，在辨别时首先观察矿物的结晶颗粒大小。当肉眼无法分辨的则可能属板状或千枚状构造类；反之属于片状或片麻状构造类。然后观察破裂面的特点，如破裂面光滑整齐，易裂成均匀的薄板者为板状构造；若片理面上有强烈的丝绢光泽和小褶皱者为千枚状构造。对于片理与片麻状构造的区别，主要是看矿物的形态特征和定向排列的连续性，若主要由片状或柱状矿物组成且又连续分布，则为片理构造，若是以粒状矿物为主，片、柱状矿物虽定向排列但不连续成层则为片麻状构造。若岩石中全部由粒状矿物组成，无定向性，则为块状构造。

表 3-3　常见变质岩的鉴定特征

岩石名称	构造	矿物成分	一般特征	产状及分布
片麻岩	片麻状	长石、石英、云母、角闪石为主，含石榴子石、绿帘石、硅线石、电气石等	颜色视矿物成分而定，颗粒大小不一，肉眼不能辨认	分布广，变质较深

续表

岩石名称	构造	矿物成分	一般特征	产状及分布
片岩	片状	云母、绿泥石、石墨、阳起石、长石、石英、滑石、角闪石等	易沿片理面劈开，表面有绢丝光泽或珍珠光泽，矿物颗粒常呈粗结晶状	大面积分布，中等变质
千枚岩	千枚状	绢云母、绿泥石、石英等，肉眼较难辨认	外表以黄、绿、灰黑、青褐、红色为多，岩性致密，具丝线光泽	浅变质
板岩	板状	肉眼难辨认，含变质矿物绢云母、绿泥石	外表多为深灰色到黑色，大部为隐晶质，致密结构，可分裂成薄层的石板。击之，有清脆的石板声，板石具光泽	浅变质，重结晶作用不明显，未出现新矿物
大理岩	块状	方解石、白云石、有时含石墨、蛇纹石、橄榄石、石英、云母等	外表多为白色。因含杂质而呈各种不同的颜色和花纹，遇冷稀盐酸起泡，硬度 8—3.5	由接触热液变质及区域变质而成
石英岩	块状	石英	纯者为白色，含杂质而呈灰、黄、红等各色，具油脂光泽，坚硬，风化力强	多为沉积石英砂岩，石英岩接触变质或区域变质而成
角页岩	块状	黏土矿物	为黑色至暗灰色，根据变质程度的深浅，含有堇青石、石榴石、红柱石等变质 矿物，致密	常见于泥质岩石与酸性岩浆岩的接触带
矽卡岩	块状或斑杂状	石榴子石、辉石、或绿帘石、符山石等	表面常 为暗绿、暗棕色，晶形完整，粗大，常疏松多孔，有时为细粒或致密状，比重较大	中酸性侵入岩石。与碳酸盐类岩石或中基性火山岩接触变质而成
蛇纹岩	块状	蛇纹石为主，含磁铁矿、橄榄石、辉石、滑石等	暗灰绿色至黄绿色，质地较软，略具滑润感，常见片理及其他碎裂构造，蜡状光泽	为超基性岩浆岩。经自变质作用而生成，如橄榄岩、蛇纹石化形成

续表

岩石名称	构造	矿物成分	一般特征	产状及分布
混合岩	条带状 眼球状	变化大、成分复杂	变质程度不同，岩浆岩与变质岩相互混合，经交代重结晶而成。成为角砾状、条带状、眼球状混合岩，变质岩基体少时	
千糜岩	千枚状	绢云母、绿泥石	重结晶显著，多组片理，矿物定向排列石英重结晶	深变质带
玻化岩	块状	玻璃质	颜色与原岩性质有关，由剧烈错动产生高温熔融后快速冷凝而成	脉状，剧烈错动带内分布

五、常见变质岩的特征

1.大理岩　碳酸盐类岩石（石灰岩和白云岩）在热变质或区域变质后，因受热重结晶形成的变质岩，一般呈白色，块状构造，粒状变晶结构。大理岩可以是主要由方解石组成方解石大理岩，也可以是由白云石组成白云石大理岩。

2.石英岩　是石英砂岩等硅质岩石在充分热力影响下重结晶而成的块状岩石，主要是区域变质，部分是由热变质作用而形成的。岩石具粒状变晶结构，还因重结晶而失去原有的碎屑结构，其颗粒大小决定于原来岩石的粒度及重结晶程度。石英岩主要由石英组成，并有云母、绿泥石等矿物混入，其重要变种是含铁石英岩。含铁石英岩除有石英岩外并发育有薄片状赤铁矿及粒状磁铁矿、当铁质矿物占主要地位时，岩石就转变为矿石。

3.角岩（角页岩）　是一种常见的泥质岩石的热变质产物，常产于侵入体周围。岩石呈深色、细粒，致密块状，坚硬，断口光滑平整或贝壳状，颜色决定于母岩成分。

4.矽卡岩　主要是由含钙的石榴石和辉石及其他一些铁镁硅酸盐矿物所组成的岩石。岩石常产于中酸性侵入体和碳酸盐岩石接触带附近，由粗粒到细粒、块状构造，其组成成分及颜色则因地而异，根据其组成矽卡岩的主要矿物成分又有石榴石矽卡岩、辉石矽卡岩等。为变晶结构，常见为花岗变晶结构，有时有斑状变晶结构。

5.板岩　由泥质的沉积岩变质而成。岩石由细小的云母、绿泥石、石英等组成，隐晶质，有大量的泥质残余，并具板状劈开，片理面平整。变余泥质结构，板状构造。

6.千枚岩　由板岩进一步变质而成，成分与板岩同，但结晶程度较好，在稍有弯曲的片理面上常可见云母小片，呈丝绢光泽，千枚状构造。

7.片岩　可以由各种岩石在高温高压下变质而成，也可以是千枚岩进一步变质，矿物重结晶而形成。矿物成分不定，但经常有多量片状矿物（云母、绿泥石、滑石等）或柱状矿物（角闪石等），它们呈定向排列故具明显的片状构造。岩石可按其主要成分分为：石英片岩、云母片岩、绿泥石片岩等。片岩中一般不含或很少含长石，变晶结构。

8.片麻岩　也是一种变质较深的岩石，可由各种岩石变质而成。由石英、长石及某些暗色矿物所组成，岩石中片状或条状矿物较少，矿物常成断续条带状定向排列，形成典型的片麻构造。片麻岩可按长石种类分出钾长石片麻岩和斜长石片麻岩。然后再按所含其他矿物进一步详细定名，如黑云母钾长石片麻岩等。

任务六　三大岩石的转化

三大类岩石构成了地壳或岩石圈。但是：

1.它们在地壳中的分布是不均匀的。若按重量计算，沉积岩仅占地壳重量的5%，变质岩占6%，火成岩占89%。由于火成岩多数是在地下深处由岩浆冷凝而成，故主要分布在地壳深处。沉积岩是在近地表或地表形成的，因此在地表呈厚薄不均的不连续分布（厚度0～10000米）。变质岩则主要分布于地壳运动剧烈的地带或火成岩体的周围。从各类岩石在地表的分布面积来看，沉积岩占陆地面积的75%，变质岩和火成岩合计占25%。至于大洋底，就目前所知，除了部分地区有较薄的未固结的沉积物之外，大部分分布着形成时代较新的玄武岩。

2.三大类岩石形成的温度不同。变质岩大多形成的温度为150～180摄氏度，直至800～900摄氏度；若低于这一温度，则属于固结成岩作用，适于沉积岩的形成；若高于这一温度，则岩石发生全面熔融形成岩浆，易形成火成岩。

3.三大类岩石的产出状态也不相同。沉积岩多呈层状；火成岩多呈块体状、脉状；变质岩则介于二者之间，既有呈层状或似层状的，也有呈块体状的。在地壳的演变过程中，各类岩石、矿物也处在变化之中。出露到地表的火成岩、变质岩与沉积岩，在大气圈、水圈、生物圈等地表地质作用下，通过改造作用（风化作用、剥蚀作用）和建造作用（沉积作用、成岩作用），形成新的沉积岩。其形成的环境为地壳表层的常温、常压条件下；沉积岩经岩石圈动力作用可埋藏到地下深处，当温度达到150～200摄氏度时，在保持基本固态的情况下，原岩的物质组分、结构和构造均发生变化，形成了另一种新的变质岩；无论什么岩石，一旦进入相对高温状态（700～800摄氏度），岩石将逐渐重熔，形成岩浆，岩浆在上升过程中通过冷凝、结晶，又可形成火成岩。无论地壳深处的变质岩和火成岩，还是地表的沉积岩，当受到构造运动的上升作用后，这些岩石又进入了一个新的改造作用和建造作用的沉积序列。如此轮回，周而复始，生生不息！这就是岩石圈中三大类岩石的相互转化过程。

可以说，地表出露的各类岩石，都是处在构造环境相对平衡的状态中，并受到多种因素的制约。一旦某种边界条件发生改变，则岩石的性质及类型也相应地发生变化，形成新的岩石类型。这就构成了地壳中丰富多彩、形态各异的三大类岩石。

显然，三大类岩石的转化，是由于受到岩石圈动力系统作用及岩石圈与大气圈、水圈、生物圈、地幔等圈层相互作用的缘故。特别是岩石圈板块构造活动对岩石形成的构造环境产生重要的作用。构造活动可使岩浆运移，火山喷发，形成各种岩体，火山堆积物，并与围岩相互作用；可为变质作用提供温度、压力等条件，产生形态多变的变质岩类型；可为沉积作用奉献充足的物质来源，建造独特的具层理构造的、在地表最为常见的沉积岩类型。注意这里所说的岩石转化过程，是一个相对较复杂而漫长的地质作用过程。

项目四　地质年代和地质作用

研究地球及地壳的发展演化历史是地球科学的重要任务之一。在漫长的地质历史中，地球上经历了一系列的地质事件，如生物的大规模兴盛与灭绝、强烈的构造运动、岩浆活动、海陆变迁等。地球的发展演变历史正是由这些地质事件所构成的。所以，要研究地球或地壳的历史，其中最重要、最基础的工作是必须确定这些地质事件的发生年代。地质年代就是指地球上各种地质事件发生的时代。它包含两方面含义：其一是指各地质事件发生的先后顺序，称为相对地质年代；其二是指各地质事件发生的距今年龄，由于主要是运用同位素技术，称为同位素地质年龄。这两方面结合，才构成对地质事件及地球、地壳演变时代的完整认识，地质年代表正是在此基础上建立起来的。岩石是地质历史演化的产物，也是地质历史的记录者，无论是生物演变历史、构造运动历史、古地理变迁历史等都会在岩石中打下自己的烙印。因此，研究地质年代必须研究岩石中所包含的年代信息。

任务一　相对地质年代

相对地质年代是指地层的生成顺序和相对的新老关系。它只表示地质历史的相对顺序和发展阶段，不表示各个地质时代单位的长短。

在研究地球的演化历史或者地质过程时，有时候并不一定需要知道地质事件发生的准确时间，而只需要知道它们之间的先后顺序，这种只确定地质事件发生先后顺序的方法称为相对地质年代。在没有找到合适的定龄方法之前，地质学家采用的就是相对地质年代的方法来确定地质事件发生的先后顺序。这种相对地质年代学的方法至今仍然是地质学家研究地质过程的主要手段。

一、地层层序律

地质历史上某一时代形成的层状岩石称为地层。它主要包括沉积岩、火山岩以及由它们经受一定变质的浅变质岩。这种层状岩石最初一般是以逐层堆积或沉积的方式形成的，所以，地层形成时的原始产状一般是水平的或近于水平的，并且总是先形成的老地层在下面，后形成的新地层盖在上面，这种正常的地层叠置关系称为地层层序律（见图4-1）。它是确定同一地区地层相对地质年代的基本方法。当地层因构造运动发生倾斜但未倒转时，地层层序律仍然适用，这时倾斜面以上的地层新，倾斜面以下的地层老。当地层经剧烈的构造运动，层序发生倒转时，上下关系则正好颠倒。

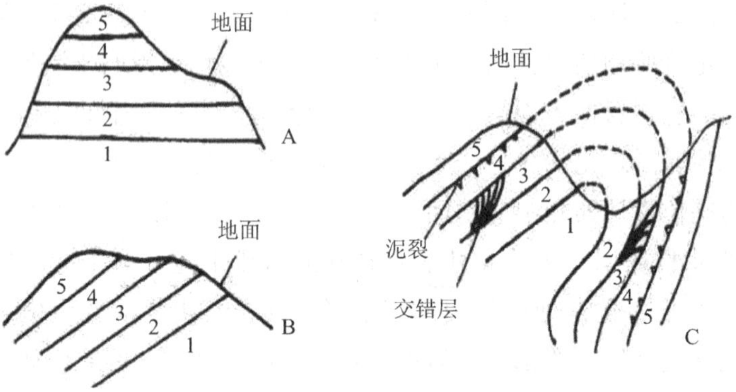

图 4-1 地层层序示意图（据汪新文，1999）
（A. 原始水平层；B. 倾斜地层；C. 倒转地层）

二、化石层序律

由英国学者史密斯提出。史密斯被称为为“英国地层学之父”，他家境清贫，几乎没有受过正规教育，但勤奋好学，在参加勘察和修筑运河中，于1815年填制了人类第一张地质图，比例尺达到了1/5万，被称为改变世界的地图，图中不同地层用不同色彩表示，全为人手彩绘。随后，于1816～1819四年间，发表了四部头巨著《地层化石鉴定法》（Strata Identified by Fossils），书中详细叙述了地层层序律和生物层序律的基本原理和方法。

地层层序律可简单概括为：地层越老，所含的生物越简单，反之亦然；不同时代地层，有不同的化石组合。

化石是埋藏在沉积物中的古代生物遗体和遗迹。例如：动、植物的骨骼、牙齿、根、茎、叶，等等；动物的足迹、粪便、蛋，等等也是化石（遗迹化石）；其中具有演化快、延续时间短、特征显著、数量多、分布广等特征的化石称为而标准化石（或指向化石），例如三叶虫、笔石等为早古生代的标准化石。

如果地球上的现生生物具有如下特征，称为活化石：①解剖上与某古老物种极相似；②该古老物种至少已有几千万～上亿年的历史，并保留着诸多原始特征，而未发生较大的改变，进化缓慢；③现生成员仅有一个或很少的几个种为代表；④分布范围极其有限。我国的植物如银杏、水松、珙桐、香果树和动物如大熊猫、中华鲟、扬子鳄等，均是珍贵的活化石。

如果把地层比喻为史书，那么化石就是这部史书中的文字，两者结合在一起，就构成了生物层序律的主要依据。

三、切割律

切割律的基本内容为：较新的地质体切割较老的地质体。上述两条准则主要适用于确定沉积岩或层状岩石的相对新老关系，但对于呈块状产出的岩浆岩或变质岩则难以运用，因为它们不成层，也不含化石。但是，这些块状岩石常常与层状岩石之间以及它们相互之间存在着相互穿插、切割的关系，这时，它们之间的新老关系依地质体之间的切割律来判定，即较新的地质体总是切割或穿插较老的地质体，或者说切割者新、被切割者老。

任务二　同位素地质年代

相对地质年代只表示了地质事件确定地层的先后顺序，即使是利用古生物化石组合的方法，也只能了解它们的大致时代。要更确切、更全面地了解地球的发展历史，除了知道各种地质事件发生的先后顺序及大致时代外，必须定量的知道地质事件究竟发生在距今多少年的时候、延续的时间有多长、地质事件的剧烈程度或作用速率怎么样等。

人们找到合适的定年方法之前，对地球的年龄和地质事件发生的时间更多含有估计的成分。诸如采用季节—气候法、沉积法、古生物法、海水含盐度法等，利用这些方法不同的学者会得到不同的结果，和地球的实际年龄也有很大差别。

利用同位素衰变现象来测定岩石或矿物的年龄从20世纪30年代开始。当时发现放射性元素都是自动的、以稳定不变（不受温度、压力等条件影响）的速率逐渐衰变为非放射性的子体同位素，并释放出能量来。这样人们就能利用放射性同位素来测定矿物或岩石的年龄。必须满足的条件是：

放射性元素衰变常数必须准确地测定；

在准确计算年龄之前，先要确定现存子体同位素丰度；

进行测年的事件从其形成时起，母体或子体同位素须不受外界影响而发生增加或丢失，如有外界影响，应予以校正。

在满足上述的条件下，可用下述公式计算：

$$t=\frac{1}{\lambda}\ \ln\left(1+\frac{D}{N}\right)$$

式中 t——被测矿物或岩石的年龄；

λ——衰变常数，即单位时间内母体元素衰变出的子体同位素的原子数；

D——t 时间内母体同位素所产生的子体同位素原子数；

N——在 t 时间后剩余的放射性元素（母体同位素原子数）总量。

通常用来测定地质年代的放射性同位素如表4-1所示。从表中可看出，铷—锶法、铀（钍）—铅法（包括3种同位素）主要用以测定较古老岩石的地质年龄；钾—氩法的有效范围大，几乎可以适用于绝大部分地质时间，而且由于钾是常见元素，许多常见矿物中都富含钾，因而使钾—氩法的测定难度降低、精确度提高，所以钾—氩法应用最为广泛；碳-14法由于其同位素的半衰期短，它一般只适用于5万年以来的年龄测定。另外，开发的钐—钕法和氩-40/氩-39法以其准确度提高、分辨率增强，显示了其优越性，可以用来补充上述方法的一些不足。

表 4-1　用于测定地质年代的放射性同位素

母体同位素	子体同位素	半衰期（$T_{1/2}$）	有效范围	测定对象
铷（^{87}Rb）	锶（^{87}Sr）	500亿年	T_0～10^8年	云母、钾长石、海绿石
铀（^{238}U）	铅（^{206}Pb）	45.1亿年		
铀（^{235}U）	铅（^{207}Pb）	7.13亿年		晶质铀矿、锆石、独居石、黑色页岩
钍（^{232}Th）	铅（^{208}Pb）	139亿年		
钾（^{14}K）	氩（^{40}Ar）	14.7亿年	T_0～10^4年	
碳（^{14}C）	氮（^{14}N）	5692年	50000年至今	云母、钾长石、角闪石、海绿石
钐（^{150}Sm）	钕（^{144}Nd）			有机碳、化石骨骼
氩（^{40}Ar）	氩（^{39}Ar）			云母、钾长石、角闪石、海绿石

同位素测年技术为解决地球和地壳的形成年龄带来了希望。首先，人们着手于对地球表面最古老的岩石进行了年龄测定，获得了地球形成年龄的下限值为40亿年左右，如南美洲圭亚那的古老角闪岩的年龄为（41.30 ± 1.7）亿年、格陵兰的古老片麻岩的年龄为36亿～40亿年、非洲阿扎尼亚的片麻岩的年龄为（38.7 ± 1.1）亿年等等，这些都说明地球的真正年龄应在40亿年以上。其次，人们通过对地球上所发现的各种陨石的年龄测定，惊奇地发现各种陨石（无论是石陨石还是铁陨石，无论它们是何时落到地球上的）都具有相同的年龄，大致在46亿年左右，从太阳系内天体形成的统一性考虑，可以认为地球的年龄应与陨石相同。最后，取自月球表面的岩石的年龄测定，又进一步为地球的年龄提供了佐证，月球上岩石的年龄值一般为31亿～46亿年。综上所述，一般认为地球的形成年龄约为46亿年。

任务三　地质年代表

19世纪晚期地质年代表的建立是地球科学发展史中的里程碑，从此地球科学才走向系统化、科学化。早期的地质年代表主要是依据生物演化的先后顺序获得相对年龄早晚概念，而整个地球历史演化持续的绝对年龄长短无法知晓。以后随着同位素年代学、事件地层学、古地磁学的发展及层型剖面的研究，使地质年代表内容日益丰富和精确。国际地层委员会的成立及《国际地层指南》（1994）的出版就是这种丰富发展的具体体现，我国也分别于1959年、1979年出版了《中国地层规范》和《中国地层指南及中国地层指南说明书》。2001年《中国地层指南及中国地层指南说明书》和2002年《中国区域年代地层（地质年代）表说明书》的出版，代表了现今中国区域年代地层和地质年代研究的最新成果。表4-2就是在中国区域年代地层（地质年代）表（2002）划分方案基础上的我国目前常用的地质年代表。可以展望21世纪中随着综合地层学（全息地层学）和理论地层学研究的加强，必将使地质年代表达到一个新的水平，从而在推动整个地球科学的发展过程中发挥重要作用。

表 4-2 地质年代表

宙	代	纪	世	代号	距今大约年代(Ma)	主要生物进化：动物		主要生物进化：植物	
显生宙	新生代	第四纪	全新世	Q	0.01	人类出现		现代植物时代	
			更新世		2.60				
		新近纪	上新世	N	5.3	哺乳动物时代	古猿出现	被子植物时代	草原面积扩大
			中新世		23.3				
		古近纪	渐新世	E	32				
			始新世		56.5		灵长类出现		被子植物繁盛
			古新世		65		★		★
	中生代	白垩纪		K	137	爬行动物时代	鸟类出现	裸子植物时代	
		侏罗纪		J	205		恐龙繁盛		被子植物出现
		三叠纪		T	250		★ 恐龙、哺乳类出现 ★		裸子植物繁盛 ★
	古生代	二叠纪		P	295	两栖动物时代	爬行类出现	孢子植物时代	裸子植物出现
		石炭纪		C	354		两栖类繁盛 ★		大规模森林出现
		泥盆纪		D	410	鱼类时代			
		志留纪		S	438		陆生无脊椎动物发展和两栖类出现 ★		
		奥陶纪		O	490	海生无脊椎动物时代			小型森林出现
		寒武纪		∈	543		带壳动物爆发 ★		陆生裸蕨植物
		震旦纪		Z	680		软躯体动物爆发		
元古宙	新元古			Pt	1000	低等无脊椎动物出现		高级藻类出现	
	中元古				1800			海生藻类出现	
	古元古				2500				
太古宙	新太古			Ar	2800	原核生物（细菌、蓝藻）出现（原始生命蛋白出现）			
	中太古				3200				
	古太古				3600				
	始太古				4600				

注：①★为全球生物集群绝灭事件。

②地质年代划分方案和同位素年龄值均参照中国区域年代地层（地质年代）表（2002）。

年代表中最大的时间单位是宙，宙下是代，代下分纪，纪下分世，世下分期，期下分时。必须说明，年代表虽有时间的概念，也就是说，当获悉该化石是何宙、代、纪、世、期或时的遗物，间接可知道它形成的粗略时间（当然是很粗略的估计值）。事实上，年代表的时间单位是完全人为性划分的，和日历中的年月日不同，它不能使人了解每个宙、代、纪、世、期或时经历的准确时间。

地质年代从古至今依次为：隐生宙（现称前寒武纪）、显生宙。

隐生宙现在已被细分为冥古宙、太古宙、元古宙。

显生宙又分为：古生代、中生代、新生代。

古生代分为：寒武纪、奥陶纪、志留纪、泥盆纪、石炭纪、二叠纪。

中生代分为：三叠纪、侏罗纪、白垩纪。

新生代分为：古近纪、新近纪、第四纪。

任务四　地质作用

地质作用，是指由于受到某种能量（外力、内力）的作用，从而引起地壳组成物质、地壳构造、地表形态等不断的变化和形成的作用。

由自然动力引起使地壳组成物质，地壳构造，地表形态等不断的变化和形成的作用，通称地质作用。地质学界把自然界引起这些变化的各种作用称为地质作用。地质作用主要分为构造运动、岩浆活动、地震作用、变质作用、风化作用、斜坡重力作用、剥蚀作用、搬运作用、沉积作用和固结成岩作用等（见图4-2）。

一、简介

板块运动被认为是使地壳表层发生位置移动，出现断裂、褶皱以及引起地震、岩浆活动和岩石变质等地质作用的总原因，这些地质作用总称为内力地质作用。

内力地质作用改变着地壳的构造，同时为地貌的形成打下基础。

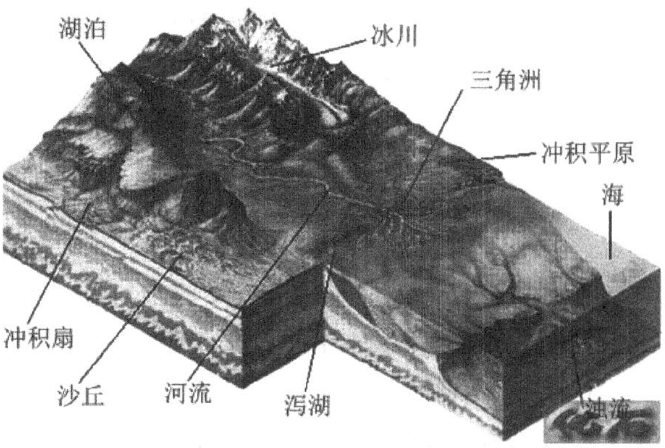

图 4-2　地质作用

这就是说板块运动能够解释地壳中岩石的变形，包括区域的和整个地壳的。

产生内力地质作用的能源，一般推测，主要是放射性元素蜕变释放的热能和地幔重熔形成的热能。这些能量，部分传导到地面散失，大量的内热由于岩石导热性差，在地下聚积，成为产生各种内力地质作用的动力。还有人认为，地球自转所产生的能也是产生内力地质作用的因素之一。

来自太阳的热能，是引起大气和水不断运动的主因，同时给生物的繁殖以能量，并直接对岩石圈施加影响。这一切活动的结果，使地表的凸出部分受到风化、侵蚀等作用的破坏，破坏的产物在低凹的部位沉积起来形成新的岩石。上述变动总称外力地质作用。

地球的内力和外力地质作用同时存在并相互影响。水往低处流是受到重力的作用，而地势的高低又是内力地质作用所塑造。火山喷出的气体和水分是地球大气圈和水圈重要的物质来源之一，一次强烈的火山活动还可以引起人能直接感受到的气候异常。地质作用强烈地影响着气候以及水资源与土壤的分布，创造出了适于人类生存的环境。这种良好环境的出现，是地球大气圈、水圈和岩石圈演化到一定阶段的产物。地球形成的初期，大气圈和水圈的成分、质量都和现代大不相同，大气曾经历以二氧化碳为主的阶段，海水是约在10亿年前才具有今天的含盐度，生物最早出现在地球形成约10亿年以后。由此也说明在地球演化的不同历史阶段，各种地质作用的规模乃至性质都有所不同。

地质作用也会给人带来危害，如地震、火山爆发、洪水泛滥等。人类无力改变地质作用的规律，但可以认识和运用这些规律，使之向有利于人的方向发展，防患于未然。如预报预防地质灾害的发生，就有可能减轻损失。中国在古代就有“束水攻沙”，引黄河水灌溉淤田压碱等经验，是利用河流的地质作用的规律来治理河流取得成功的例子。

二、分类

地质作用的自然力是地质应力。力是能的表现，按照能的来源不同，地质作用可分为外力作用和内力作用。

1.外力作用

按照方式不同分为：①风化作用，包括物理作用、化学作用和生物作用。②剥蚀作用，包括机械风化作用、化学风化作用。③搬运作用，包括机械搬运和化学搬运作用两类。沉积作用，包括机械、化学、生物三类。

2.内力作用

它们既发生于地表，也发生于地球内部。有的强烈急促，如地震；有的微弱缓慢，如风化作用。地球的地表现状是地质作用对地球表面长期改造的结果。

三、能量来源

产生地质作用的力。来自地球内部的称为内能，主要有地内热能、重力能、地球旋转能、化学能和结晶能。来自地球外部的称为外能，主要有太阳辐射热、位能、潮汐能和生物能等。

1.地内热能

①放射性热能是地球内部的放射性元素蜕变而产生的。②重力分异产生的热能是地球物质在地心引力作用下按不同比重发生分异的过程中，释放出的位能转化成的热能。③冲击、压缩产生的热能是地球在由星际物质聚积而成的过程中，微星体以高速冲击地球时巨大动能转变而来的。另外原始地球在自身重力作用下压缩，体积逐渐收缩而产生压缩热。此外，地球内部物质发生化学变化，结晶时会释放热，构造运动的机械能也可以转为热能。据计算，地内每年产生的热总量与经地表每年散失的总热量相抵后还有剩余，这部分剩余热能便是岩浆活动和变质作用的主要能量来源。

2.重力能

重力能是地心引力给予物体的位能。

3.地球旋转能

地球旋转能是地球自转产生的力给予地球表层物质的能。它包括离心力、离极力和科里奥利力。①离心力的大小随纬度而异，两极为零，赤道最大。地表离心力的水平力平行于地表相应点沿经向的切线，并指向低纬度，其大小在两极和赤道均为零，中纬度最大。②离极力的方向指向赤道，促成表层物质向赤道运动。③科里奥利力影响着地球表层物质沿纬向或经向的运动。

4.太阳辐射热

太阳辐射热是太阳向地球输送的热。其中60%为大气、大陆和海洋吸收，成为大气圈、水圈和生物圈赖以活动，发育，并相互进行物质、能量交换的主要能源。由此产生了一系列外营力，如风、流水、冰川、波浪等。

5.潮汐能

潮汐能是因日、月对旋转着的地球的各点的引力不断变化而产生的能。在它的作用下，地球上海水发生潮汐现象。潮汐具有机械能，是海洋中地质营力之一。

6.生物能

生物能是生命活动经过能量转换而产生的能。其中特别指出人类大规模改造自然的活动，更是重要的能的表现形式。

7.其他能源

地表还有来自外层空间的宇宙线、陨石冲击能，以及地表发生化学反应和结晶释放的热。

四、地质作用类型

1.内力地质作用是因地球内部能产生的地质作用，有构造运动，岩浆活动，地震作用和变质作用这类地质作用主要发生在地下深处，有的可波及到地表。它使岩石圈发生变形、变位，或发生变质，或发生物质重熔，以至形成新岩石。

（1）构造运动是指岩石圈物质的机械运动。它有垂直和水平两种运动形式。构造运动可使岩石变形、变位，形成各种构造形迹，塑造岩石圈的构造，并决定地表形态发育的基础。构造运动可引起海陆变迁。地震是岩石中积蓄的应变能以弹性波形式突然释放而引起的地球内部的快速颤动。地震发源于地下深处，并波及地表。绝大多数地震是构造运动引起岩石断裂而发生的。

（2）岩浆作用是岩浆从形成、运动直到冷凝成岩的全过程。岩浆是地下岩石的高温（800～1200摄氏度）熔融体。它不连续地发源于地幔顶部或地壳深部。岩浆形成后循软弱带从深部向浅部运动，在运动中随温度、压力的降低，本身也发生变化，并与周围岩石相互作用。

（3）变质作用是岩石在风化带以下，受温度、压力和流体物质的影响，在固态下转变成新的岩石的作用 。岩石变质后，其原有构造、矿物成分都有不同程度的变化，有的可完全改变原岩特征。

2.外力地质作用是因地球外部能产生的，它主要发生在地表或地表附近。外力地质作用几乎都有重力能参与。外力地质作用使地表形态和地壳岩石组成发生变化。可分成河流的地质作用、地下水的地质作用、冰川的地质作用、湖泊和沼泽的地质作用、风的地质作用和海洋的地质作用等。外力地质作用按照其发生的序列还可分成风化作用、斜坡重力作用、剥蚀作用、搬运作用、沉积作用和硬结成岩作用。

（1）风化作用是地表环境中，矿物和岩石因大气温度的变化，水分、氧、二氧化碳和生物的作用在原地分解，碎裂的作用。

（2）斜坡重力作用是斜坡上的土和岩石块体在重力作用下顺坡向低处移动的作用。重力是主要营力 ，斜坡是必要条件，暴雨、地震、人为开挖往往起诱发作用。块体物质的运动方式分为崩落、滑移、流动和蠕动。前三者运动较快，后者较慢。

（3）剥蚀作用是河流、地下水、冰川、风等在运动中对地表岩石和地表形态的破坏和改造的总称。

（4）搬运作用是地质营力将风化、剥蚀作用形成的物质从原地搬往他处的过程。

（5）沉积作用是各种被外营力搬运的物质因营力动能减小，或介质的物化条件发生变化而沉淀、堆积的过程。

（6）硬结成岩作用是松散沉积物转变为坚硬岩石的过程。这种过程往往是因上覆沉积物的重荷压力作用使下层沉积物减少孔隙，排除水分、碎屑颗粒间的联系力增强而发生；也可以因碎屑间隙中的充填物质具有粘结力，或因压力、温度的影响，沉积物部分溶解并再结晶而发生。

项目五　地球的外部圈层

以地球的软流圈为界，可以把地球分为内、外两大圈层（见图5-1）。地球的外部圈层可分为大气圈、水圈、生物圈和岩石圈，各个圈层既围绕地表可各自形成一个封闭的体系，同时又相互关联、相互影响、相互渗透、相互作用，并共同促进地球外部环境的演化。

地球上的生命主要存在于大气、水和土壤三个圈层之中。人类活动造成的环境污染和生态破坏，目前主要发生在大气圈、水圈和土壤圈之中。因此，有必要对这三个圈层加以介绍，这对理解环境污染和生态破坏发生和发展的规律以及寻找解决这些问题的方法具有重要意义。

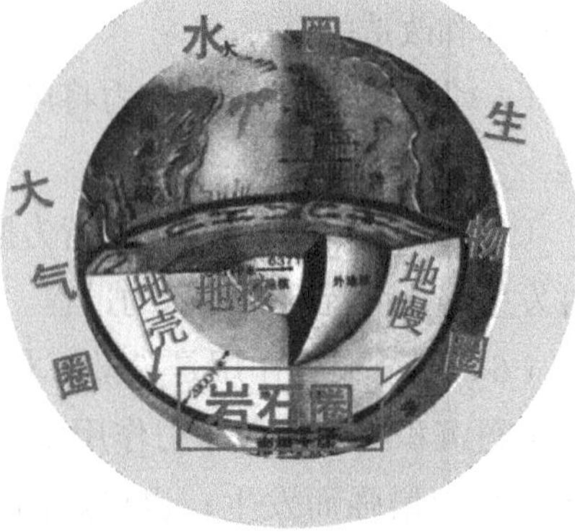

图 5-1　地球圈层

任务一　大气圈

大气是指在地球引力作用下聚集在地球外部的气体包层。在环境科学中大气层称为大气圈，也称大气环境。

一、大气的组成

大气是多种气体的混合物，另外还含有少量的悬浮固体微粒和液体微粒。大气中除去水汽、液体和固体杂质外的混合气体称为干洁空气。干洁空气的组成成分最主要的是氮、氧、氩三种气体，它们占了大气总量的99.97%（参见表5-1）。在干洁空气中，二氧化碳和臭氧的含量很不稳定，随空间和时间的变化较大。

表 5-1　近地表干洁空气的主要组分（1ppm= 百万分之一）

组分	体积比（ppm）	组分	体积比（ppm）
氮	780900	甲烷	1.2
氧	209500	氪	1.1
氩	9340	氢	0.5
二氧化碳	330	氙	0.08
氖	18	臭氧	0.01 ～ 0.04
氦	5.2		

除了上述成分外，空气还含有一些不定成分，包括悬浮于大气中的固体杂质和气体污染物。

大气圈中氮、氧是大气圈中的主要组分，占大气的99%左右。同时这两种气体也与生命活动有密切的关系。通过特殊的固氮菌以及闪电作用析出氮，氮气能从大气中分离出来并储存于地表，然后通过生物的燃烧以及脱氮作用又回到大气中。

氧气是通过光合作用以及呼吸作用实现在大气及生命中交换的。

大气中的水汽主要来自地球上的水面和其他潮湿物体表面的蒸发，以及植物的蒸腾作用。大气中水汽的含量变化很大，其所占的体积比的变化范围在0～4%之间，并随高度的增加而减少。大气中水蒸气的浓度随时空而变化。靠近赤道附近的海面及热带雨林上空水蒸气的浓度最大，而在寒冷的极地及亚热带的沙漠地区水蒸气的浓度可接近零。

水蒸气对于地球有几个重要的功能：

（1）通过“潜热”能量交换，使地球的能量重新分配；

（2）水蒸气通过凝结产生降水，为地球的动植物提供淡水；

（3）通过温室效应温暖大气圈。

甲烷是一种非常重要的温室气体，从1750年以来，大气圈中甲烷的浓度已经增加了140%。所增加甲烷的主要来源，有稻田作物、家庭动物圈养、白蚁、垃圾填埋场、煤矿、石油天然气开采等。

二氧化碳气体也是通过光合作用以及呼吸作用实现在大气及生命中交换的。在过去的300年间，二氧化碳的量增加了25%。增加的主要来源是人类引起的化石燃烧、森林砍伐以及土地利用形式的改变。一些科学家认为大气中二氧化碳的增加使温室效应作用加强，从而导致全球变暖。

一氧化二氮的平均浓度目前每年以0.2%～0.3%的速度增加。相对于前面提到的温室气体，一氧化二氮对温室效应的贡献要小些。但是由于生态系统的人工施肥，一氧化二氮对生态系统产生重要的影响。在一些极端情况下，这种人工施肥能导致森林死亡，水体富营养化以及种群的排外现象。大气中增加的一氧化二氮的来源有：土地使用方式改变、化石燃料燃烧、生物焚烧以及土壤施肥。大气圈中增加的大部分的一氧化二氮来自于森林的砍伐和改造以及草原生态系统转变为农田和牧场。这两个作用减少了储存于植被和土壤中的氮。

臭氧对于温室效应增加的贡献，目前还难以确定。同时目前还难以精确测量臭氧过去的长期变化情况。在地球的大气圈中有两个不同的区域含有臭氧。在大气圈的同温层中集中了97%的臭氧。另外在城市及其周围臭氧的浓度也相当高。这部分臭氧大多是人类产生的光化学雾的副产品，对于地球表面的有机体来说，这是有毒气体。

二、大气圈的结构

随着距地面的高度不同，大气层的物理和化学性质有很大的变化。按气温的垂直变化特点，可将大气层自下而上分为对流层、平流层、中间层（上界为85千米左右）、热成层（上界为800千米左右）和散逸层（没有明显的上界）（见图5-2）。

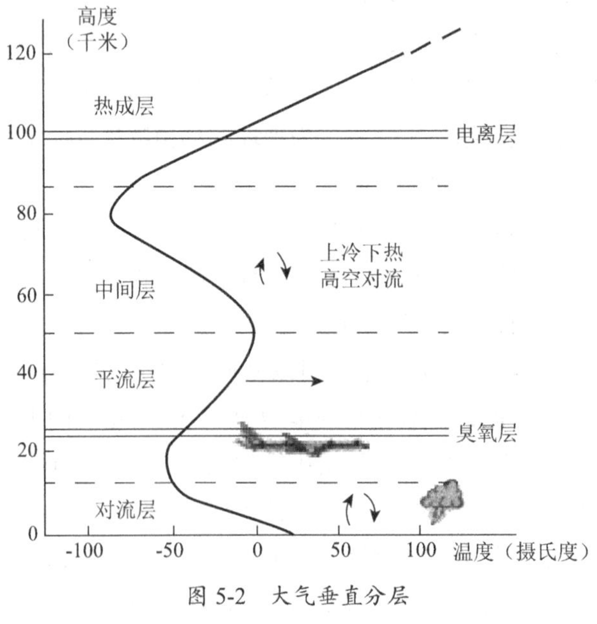

图 5-2　大气垂直分层

1.对流层

对流层是大气圈中最靠近地面的一层，平均厚度约12千米。对流层集中了占大气总质量75%的空气和几乎全部的水蒸气量，是天气变化最复杂的层次。该层的特点有：①气温随着高度的增加而降低。这是由于对流层的大气不能直接吸收太阳辐射的能量，但能吸收地面反射的能量所致。②空气具有强烈的对流运动。近地表的空气接受地面的热辐射后温度升高，与高空的冷空气形成垂直对流。

人类活动排入大气的污染物绝大多数在对流层聚集。因此，对流层的状况对人类生活的影响最大，与人类关系最密切。

2.平流层

平流层位于对流层之上，其上界伸展至约55千米处。在平流层的上层，即30～35千米以上，温度随高度升高而升高。在30～35千米以下，温度随高度的增加而变化不大，气温趋于稳定，故该层又称为同温层。平流层的特点是空气气流以水平运动为主（见图5-3）。在高约15～35千米处有厚约20千米的臭氧层，其分布有季节性变动。臭氧层能吸收太阳的短波紫外线和宇宙射线，使地球上的生物免受这些射线的危害，能够生存繁衍。

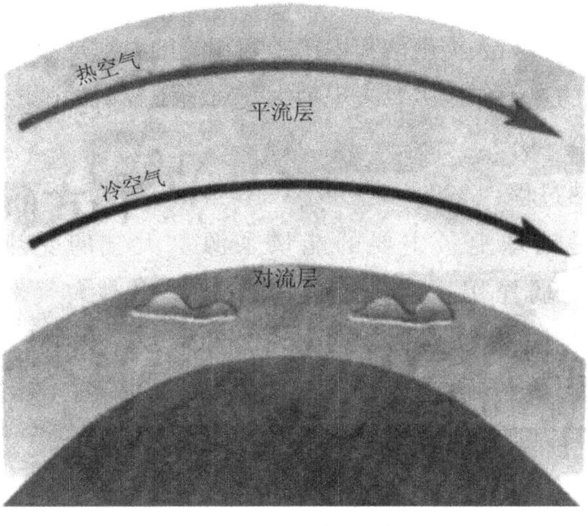

图 5-3　平流层大气特点
（气流以平流运动为主，利于高空飞行；气温随高度增加而上升）

3.中间层

从平流层顶至85千米处的范围称为中间层。该层的气温随高度的增加而迅速降低。因此，该层也存在明显的空气垂直对流运动。

该层内因臭氧含量低，同时，能被氮、氧等直接吸收的太阳短波辐射已经大部分被上层大气所吸收，所以温度垂直递减率很大，对流运动强盛。中间层顶附近的温度约为190开尔文；空气分子吸收太阳紫外辐射后可发生电离，习惯上称为电离层的D层；有时在高纬度地区夏季黄昏时有夜光云出现。

物质组成：氮气和氧气为主，几乎没有臭氧。该层的60～90千米高度上，有一个只有在白天出现的电离层，叫作D层。

4.热成层

热成层位于85～800千米的高度之间。该层的气体在宇宙射线作用下处于电离状态。电离后的氧能强烈吸收太阳的短波辐射，使空气迅速升温，因而该层的气温随高度的增加而增加。该层能反射无线电波，对于无线电通讯有重要意义。

5.散逸层

800千米以上的区域统称为散逸层，也称为外层大气。该层大气稀薄，气温高，分子运动速度快，地球对气体分子的吸引力小，因此气体及微粒可飞出地球引力场进入太空。

三、大气的热状况

地球上许许多多与人类生活和生产密切相关的大气现象，都与大气的热力作用有关。大气的热力作用主要表现为大气对太阳辐射的削弱作用和大气的保温效应。

1.大气的受热过程

太阳辐射是地球上最主要的能量来源。大气的受热过程中大气对太阳辐射具有削弱作用，对地面具有保温作用。大气对太阳辐射进行吸收、反射、散射，从而使到达地面的能量大为减少。大气的吸收具有选择性，臭氧和氧原子主要吸收紫外线；水汽和二氧化碳主要吸收红外线，而可见光的绝大部分可以到达地面。

2.大气保温作用的基本原理

地面的长波辐射除少部分透过大气返回宇宙空间外，绝大部分被对流层中的水汽和二氧化碳吸收，使大气增温。大气同时向外辐射红外线，其中大部分朝向地面，即通过大气逆辐射将热量还给地面，从而补偿了地面辐射损失的热量，对地面起到保温作用。

3. 大气热力环流的形成过程

热力环流是由于地面冷热不均而形成的空气环流，它是大气运动最简单的形式。近地面空气受热引起气流上升运动，近地面空气冷却引起气流下沉运动。空气上升使高空气压升高，等压面向上凸起；空气下沉使高空气压降低，等压面向下凹陷。高空气流由高气压流向低气压，导致近地面气流上升处气压下降，等压面向下凹陷，近地面气流下沉处气压升高，等压面向上凸起。近地面空气由高气压流向低气压。特别指出的是：高压、低压是同一水平面比原来受热均匀时的增加或减小，而在同一地点的垂直方向上，海拔越高气压始终越低。

四、大气的运动

大气运动是指不同地区，不同高度之间的大气进行热量，动量，水分的互相交换；不同性质的空气得以相互交流，并以此形成各种天气现象和天气变化的总称。大气运动包括水平运动和垂直运动两种形式。

1.大气运动的动力

大气运动的动力来自于太阳辐射所产生的气压差。如图5-4所示，A地受热少，空气冷却收缩下沉，上空的空气密度减小，形成低气压。B地受热多，近地面空气膨胀上升，到上空聚积起来，使上空的空气密度增大，形成高气压；于是，在上空，空气便从气压高的B地向气压低的A地扩散。

图 5-4　大气的运动

在近地面，A地因有下沉气流，近地面的空气密度增大，形成高气压。B地空气上升后向外流出，这就使B地近地面的空气密度减小，形成低气压；于是，近地面的空气又从A地流回B地，以补充B地上升的空气，从而形成了热力环流。

2.大气环流

大气环流，一般是指具有世界规模的、大范围的大气运行现象，既包括平均状态，也包括瞬时现象，其水平尺度在数千千米以上，垂直尺度在10千米以上，时间尺度在数天以上。大气大范围运动的状态。某一大范围的地区（如欧亚地区、半球、全球），某一大气层次（如对流层、平流层、中层、整个大气圈）在一个长时期（如月、季、年、多年）的大气运动的平均状态或某一个时段（如一周、梅雨期间）的大气运动的变化过程都可以称为大气环流（见图5-5）。

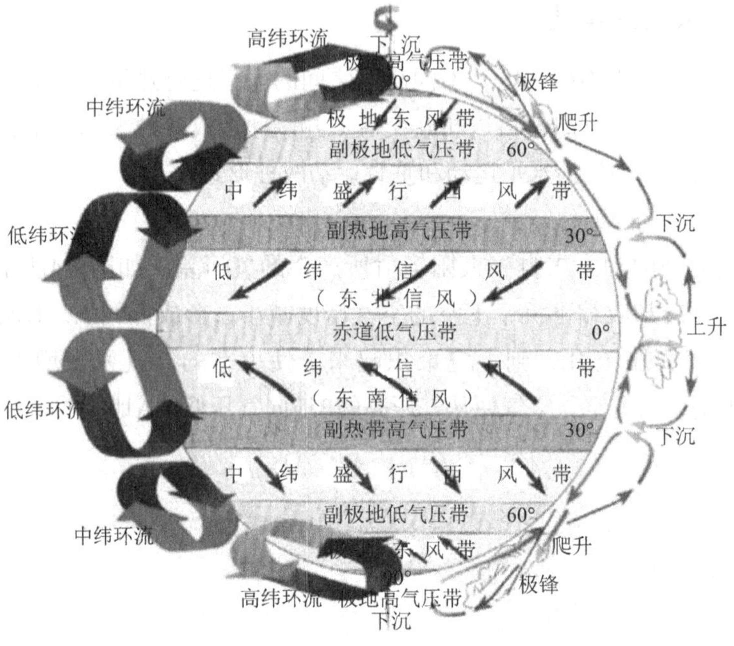

图 5-5 大气环流

（1）低纬度环流

低纬的热带环流圈是指在赤道与南纬30°、北纬30°之间形成一个低纬度的大气环流系统。

在赤道地区，地表气温终年炎热，空气受热膨胀、密度变轻而上升，形成“赤道低压带”。因该地带空气以垂直上升运动为主，且上升气流常带有较多水气，到高空后易冷凝降雨，故造成“赤道无风带”和湿热多雨气候。赤道地表的空气升到高空后，在高空形成高压，促使赤道高空气流向南、向北流动。由于地转偏向力的作用，气流方向逐渐向东加大偏转，并在大约南纬30°、北纬30°的高空与纬线基本平行。这样，气流不能再向南或向北流动，造成高空气体聚积、密度加大，气流被压向地面运动，形成“副热带高压带”（静风带）并导致出现干旱的沙漠气候。在近地面，气流由副热带高压带向赤道低压带运动，并由于地转偏向力作用使气流方向逐渐向西偏转，形成“低纬信风带”，于是，在赤道与南纬30°、北纬30°之间形成一个低纬度的大气环流系统。

（2）中纬度环流

由威廉•费雷尔（William Ferrel 1817—1891）所提出的中纬度环流是一个次要的环流，依靠其余两个环流而出现。如一处于两者之间的走珠轴承，因处于中纬度的涡旋循环（高压及低压区）而出现。故本区时而又称为混合区。在南面处于低纬度环流之上，在北面又漂浮在极地环流上。信风可以在低纬度环流以下找到，相同地西风带也可以在中纬度环流下找到。与低纬度环流和极地环流不同，中纬度环流并不是真正闭合的循环，而重点却在西风带上。不像信风和极地东风那样，有所属的环流捍卫着它们在该区的主导地位。盛行西风没有这样幸运，常常听命于经过的气象系统。在上空通常由西风主导，但是在地表风向可以随时突然改变。以北半球的参考系（观点）而言，往北的低气压或是往南的高气压往往维持甚至加速西风的流速；但是经过当地的冷锋可能扭转这种情况。而往北的高气压带来东风主导的气流，常常持续数天。

气团移动是中纬度环流底层特色之一。湍流吸收由地表低压区上升的空气，它所处的地方是影响气团位置的原因之一（在天气图上可以见到地表低压区是随湍流移动的）。地表风整体的流向是从纬线30°至60°的。可是中纬度环流上空的流向尚未能完全界定，一方面因为环流本身处于极地环流与低纬度环流之间，没有一个强烈的热源或冷源推动对流，而另一方面地表涡漩也对上空环境造成不稳定影响。

（3）极地环流

同样是一个简单的系统。虽然相比赤道的空气，这里的空气比较寒冷干燥，但仍然有足够热力和水分进行对流，完成热循环。本环流的活动范围限于对流层内，最高也只到对流层顶（8千米）。往极地的气流主要集中在空中，而赤道方向的气流主要集中在地面。当空气到达极地范围，它的温度已经大大降低，在这高压干燥寒冷的地区下沉，受地转偏向力影响向西偏转，形成极地东风。极地环流的流出，形成呈简谐波形的罗斯贝波。这些超长波在影响于中纬度环流与对流层顶间湍流的流向，扮演重要的角色。极地环流如散热器般，平衡低纬度环流地区的热盈余，使整个地球热量收支平衡。

可以说，在中高纬度地区，极地环流是影响这里气象的主要成因。虽然加拿大和欧洲在夏季会间中遇到暴风雨，在冬天从西伯利亚高压区所带来的寒冷才能感受到真正的严寒。实际上，就是因为极地高压区的气流，导致南极东方考察站在1983年录得地球有纪录以来最低气温：–89.2摄氏度。

低纬度环流与极地环流有着同一特点：两者都是由于地表的温度而出现，直接与热能相关。与此同时，其热能特点盖过其所产生的天气现象。低纬度环流大量传送的热能，和极地环流巨形的吸热能力，使除了特殊情况下，短暂气象的效果不能被系统接收，也不能产生。在纬度30°至60°以外地区，根本不能感受到中纬度气压中心无休止地每天由低转高再转低的情况。

这两个环流颇为稳定，虽然不时增强减弱，但是并不会完全消失。

任务二　水圈

水圈，地质学专业术语，是地球外圈中作用最为活跃的一个圈层，也是一个连续不规则的圈层。它与大气圈、生物圈和地球内圈的相互作用，直接关系到影响人类活动的表层系统的演化。水圈也是外动力地质作用的主要介质，是塑造地球表面最重要的角色。它指地壳表层、表面和围绕地球的大气层中存在着的各种形态的水，包括液态、气态和固态的水。

一、简介

水体存在方式不同，其作用方式也有比较大的差别，按照水体存在的方式可以将水圈划分为：海洋、河流、地下水、冰川、湖泊等五种主要类型。

1.地球水源

地球上的总水量约1.36×10^9立方千米，其中海洋占97.2%，覆盖了地球表面积的71%。地表水约2.3×10^5立方千米，其中淡水只有一半，约占地球总水量的万分之一。地下水总量8.40×10^6立方千米。大气中水量为1.3×10^4立方千米。地球上的水以气态、液态和固态三种形式存在于空中、地表和地下，这些水不停地运动着和相互联系着，以水循环的方式共同构成水圈。是地球外圈中作用最为活跃的一个圈层。

它与大气圈、生物圈和地球内圈的相互作用，直接关系到影响人类活动的表层系统的演化。水圈也是外动力地质作用的主要介质，是塑造地球表面最重要的角色。如沟谷、河谷、瀑布都是流水侵蚀的作用形成；溶洞、石林、石峰等喀斯特地貌都是流水溶蚀的作用形成。

2. 储存形式

液态和固态水体所覆盖的地球空间。水圈中的水上界可达大气对流层顶部，下界至深层地下水的下限。包括大气中的水汽、地表水、土壤水、地下水和生物体内的水。各种水体参加大小水循环，不断交换水量和热量。水圈中大部分水以液态形式储存于海洋、河流、湖泊、水库、沼泽及土壤中；部分水以固态形式存在于极地的广大冰原、冰川、积雪和冻土中；水汽主要存在于大气中。三者常通过热量交换而部分相互转化。

3.总储量

水圈内全部水体的总储量为13.86亿立方千米，其中海洋为13.38亿立方千米，占总储量的96.5%。分布在大陆上的水包括地表水和地下水，各占余下的一半左右。在全球水的总储量中，淡水仅占2.53%，其余均为咸水。

二、水循环

地球表面的水是十分活跃的。海洋蒸发的水汽进入大气圈，经气流输送到大陆、凝结后降落到地面，部分被生物吸收，部分下渗为地下水，部分成为地表径流。地表径流和地下径流大部分回归海洋。（见图5-6）水在循环过程中不断释放或吸收热能，调节着地球上各层圈的能量，还不断地塑造着地表的形态。水圈中的地表水大部分在河流、湖泊和土壤中进行重新分配，除了回归于海洋的部分外，有一部分比较长久地储存于内陆湖泊和形成冰川。这部分水量交换极其缓慢，周期要几十年甚至千年以上。从这些水体的增减变化，可以估计出海陆间水热交换的强弱。大气圈中的水分参与水圈的循环，交换速度较快，周期仅几天。由于水分循环，使地球上发生复杂的天气变化。海洋和大气的水量交换，导致热量与能量频繁交换，交换过程对各地天气变化影响极大。各国极其关注海-气相互关系的研究。生物圈中的生物受洪、涝、干旱影响很大，生物的种群分布和聚落形成也与水的时空分布有极密切的关系。生物群落随水的丰缺而不断交替、繁殖和死亡。大量植物的蒸腾作用也促进了水分的循环。水在大气圈、生物圈和岩石圈之间相互置换，关系极其密切，它们组成了地球上各种形式的物质交换系统，形成千姿百态的地理环境。

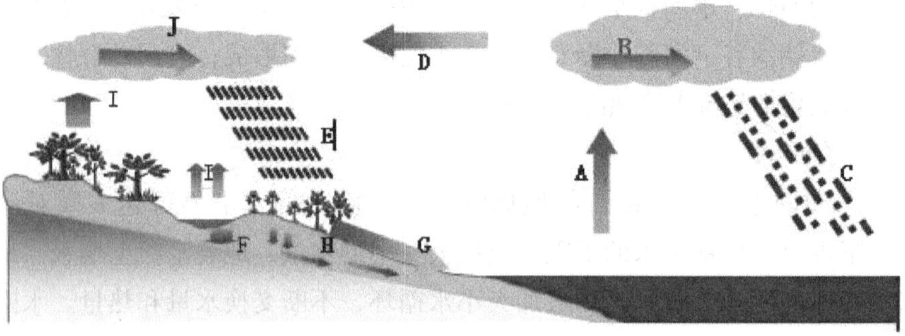

图 5-6　水循环

三、形成过程

地球是太阳系八大行星之中唯一被液态水所覆盖的星球。地球上水的起源在学术上存在很大的分歧，有几十种不同的水形成学说。有观点认为在地球形成初期，原始大气中的氢、氧化合成水，水蒸气逐步凝结下来并形成海洋；也有观点认为，形成地球的星云物质中原先就存在水的成分。另外的观点认为，原始地壳中硅酸盐等物质受火山影响而发生反应、析出水分。也有观点认为，被地球吸引的彗星和陨石是地球上水的主要来源，甚至地球上的水还在不停增加。

地球刚刚诞生的时候，没有河流，也没有海洋，更没有生命，它的表面是干燥的，大气层中也很少有水分。地球是由太阳星云分化出来的星际物质聚合而成的，它的基本组成有氢气和氦气以及一些尘埃。固体尘埃聚集结合形成地球的内核，外面围绕着大量气体。地球刚形成时，结构松散，质量不大，引力也小，温度很低。后来，由于地球不断收缩，内核放射性物质产生能量，致使地球温度不断升高，有些物质慢慢变暖熔化，较重的物质，如铁、镍等聚集在中心部位形成地核，最轻的物质浮于地表。随着地球表面温度逐渐降低，地表开始形成坚硬的地壳。但因地球内部温度很高，岩浆活动就非常激烈。火山爆发十分频繁，地壳也不断发生变化，有些地方隆起形成山峰，有的地方下陷形成低地与山谷，同时喷发出大量的气体。由于地球体积不断缩小，引力也随之增加，此时，这些气体已无法摆脱地球的引力，从而围绕着地球，构成了“原始地球大气”。原始大气由多种成分组成，水蒸气便是其中之一。

组成原始地球的固体尘埃，实际上就是衰老了的星球爆炸而成的大量碎片，这些碎片多是无机盐之类的东西，在它们内部蕴藏着许多水分子，即所谓的结晶水合物。结晶水合物里面的结晶水在地球内部高温作用下离析出来就变成了水蒸气。喷到空中的水蒸气达到饱和时便冷却成云，变成雨，落成地面上，聚集在低洼处，逐渐积累成湖泊和河流，最后汇集到地表最低区域形成海洋。

地球上的水在开始形成时，不论湖泊或海洋，其水量不是很多，随着地球内部产生的水蒸气不断被送入大气层，地面水量也不断增加，经历几十亿年的地球演变过程，最后终于形成我们现看到的江河湖海。

四、水圈和人类的关系

1.相互影响

人类大规模的活动对水圈中水的运动过程有一定的影响。大规模的砍伐森林、大面积的荒山植林、大流域的调水、大面积的排干沼泽、大量抽用地下水等，都会促使水的运动和交换过程发生相应变化，从而影响地球上水分循环的过程和水量平衡的组成。人类的经济繁荣和生产发展也都依赖于水。如水力发电、灌溉、航运、渔业、工业和城市的发展，无不与水息息相关。

2.人体组成

水是人类生活中不可缺少的物质，人类为了维持生命，必须喝水和从食物中得到必要的水分。一个成年人体内水的总量占总体重的65%～70%。人体内的水主要存在于血液、淋巴和细胞中，人的血液与海洋水有着千丝万缕的联系。人的器官和组织中都有水：心、肺、肾中约占80%，骨骼中平均占30%，牙齿珐琅质中占0.3%。在人体中的生物液体，唾液、胃液、尿液中占95%～99%。

3.生命

原始生命起源于水，又以水为家。地球刚刚形成时一片荒芜。原始海洋形成后，才为生命的诞生构建了理想的“摇篮”。海水中溶解了各种各样的物质。在那里这些化合物被水培育成具有原始生命的细胞。原始海洋中溶解的氧、二氧化碳等物质，是细胞进行新陈代谢时最好的“营养品”；厚厚的水体又像一个“保护罩”使娇弱的原始生命不致被太阳紫外线杀伤。就在这样的“摇篮”里，经历了若干亿年的漫长历程，生命从低级到高级，从海洋到陆地，逐渐形成了几乎占据地球表面每一个角落的生物世界。

4.生命运动

水是生物体的基本成分。例如，哺乳动物体内水约占65%，鱼类占75%，藻类占95%，水母则高达95%～98%。水在人体中起着重要作用：

①在肌体内起着输送物质的作用。

②维持着肌体养分平衡，起着吸收养分，排出废物的作用。

③起着调节温度的作用。

④具有支持营养的作用等。正常情况下，人体水分处于吸收与排出相等的平衡状态，但当这种平衡状态被打破时，就会影响人体正常生活。当一个人吸收的水量比维持平衡的水分少1%～2%，就会感到口渴；当减少5%时就会皮肤皱折，神志不清；当减少14%～15%，就会死亡。故一般人几天不吃东西尚可，若几天不喝水，其结果可想而知。

任务三　生物圈

生物圈是指地球上凡是出现并感受到生命活动影响的地区。是地表有机体包括微生物及其自下而上环境的总称，是行星地球特有的圈层。它也是人类诞生和生存的空间。生物圈是地球上最大的生态系统。

一、组成部分

生物圈主要由生命物质、生物生成性物质和生物惰性物质三部分组成。生命物质又称活质，是生物有机体的总和；生物生成性物质是由生命物质所组成的有机矿物质相互作用的生成物，如煤、石油、泥炭和土壤腐殖质等；生物惰性物质是指大气低层的气体、沉积岩、黏土矿物和水。

二、存在条件

由此可见，生物圈是一个复杂的、全球性的开放系统，是一个生命物质与非生命物质的自我调节系统。它的形成是生物界与水圈、大气圈及岩石圈（土圈）长期相互作用的结果，生物圈存在的基本条件是：

第一，必须获得来自太阳的充足光能。因一切生命活动都需要能量，而其基本来源是太阳能，绿色植物吸收太阳能合成有机物而进入生物循环。

第二，要存在可被生物利用的大量液态水。几乎所有的生物全都含有大量水分，没有水就没有生命。

第三，生物圈内要有适宜生命活动的温度条件，在此温度变化范围内的物质存在气态、液态和固态三种变化。

第四，提供生命物质所需的各种营养元素，包括氧、二氧化碳、氮、碳、钾、钙、铁、硫等，它们是生命物质的组成或中介。

总之，地球上有生命存在的地方均属生物圈。生物圈的要领是由奥地利地质学家休斯（E.Suess）在1875年首次提出的，是指地球上有生命活动的领域及其居住环境的整体。生物的生命活动促进了能量流动和物质循环，并引起生物的生命活动发生变化。生物要从环境中取得必需的能量和物质，就得适应环境，环境发生了变化，又反过来推动生物的适应性，这种反作用促进了整个生物界持续不断的变化。

三、范围

生物圈包括海平面以上约10000米至海平面以下10000米处，包括大气圈底部（可飞翔的鸟类、昆虫、细菌等），岩石圈的表面（是一切生物的“立足点”），水圈的全部（距离海平面150米内的水层）。生物圈为生物的生存提供了基本条件：营养物质、阳光、空气和水、适宜的温度和一定的生存空间。但是，大部分生物都集中在地表以上100米到水下100米的大气圈、水圈、岩石圈、土壤圈等圈层的交界处，这里是生物圈的核心。生物圈里繁衍着各种各样的生命，为了获得足够的能量和营养物质以支持生命活动，在这些生物之间，存在着吃与被吃的关系。“大鱼吃小鱼，小鱼吃虾米”，这句俗语就体现了这样一种简单的关系。但是，要维持整个庞大的生物圈的生命活动，这么简单的关系显然是不行的。生物圈有自我调节的能力。生物圈是一个统一的整体。

生物圈中的各种生物，按其在物质和能量流动中的作用，可分为：生产者，主要是绿色植物，它能通过光合作用将无机物合成为有机物。

消费者，主要指动物（人当然也包括在内）。有的动物直接以植物为生，叫作一级消费者，比如羚羊；有的动物则以植食动物为生，叫作二级消费者；还有的捕食小型肉食动物，被称作三级消费者。至于人，则是杂食动物。

分解者，主要指微生物，可将有机物分解为无机物。这三类生物与其所生活的无机环境一起，构成了一个生态系统：生产者从无机环境中摄取能量，合成有机物；生产者被一级消费者吞食以后，将自身的能量传递给一级消费者；一级消费者被捕食后，再将能量传递给二级、三级……最后，当有机生命死亡以后，分解者将它们再分解为无机物，把来源于环境的复归于环境。这就是一个生态系统完整的物质和能量流动。只有当生态系统内生物与环境、各种生物之间长期的相互作用下，生物的种类、数量及其生产能力都达到相对稳定的状态时，系统的能量输入与输出才能达到平衡；反过来，只有能量达到平衡，生物的生命活动也才能相对稳定。所以，生态系统中的任何一部分都不能被破坏，否则，就会打乱整个生态系统的秩序。请大家善待所有的动物。

生态系统的类型：森林生态系统、草原生态系统、湿地生态系统、淡水生态系统、农田生态系统、海洋生态系统、城市生态系统等。

四、结构

地球表层由大气圈、水圈和岩石圈构成，三圈中适于生物生存的范围就是生物圈（见图5-7）。水圈中几乎到处都有生物，但主要集中于表层和浅水的底层。世界大洋最深处超过11000米，这里还能发现深海生物。限制生物在深海分布的主要因素有缺光、缺氧和随深度而增加的压力。大气圈中生物主要集中于下层，即与岩石圈的交界处。鸟类能高飞数千米，花粉、昆虫以及一些小动物可被气流带至高空，甚至在22000米的平流层中还发现有细菌和真菌。限制生物向高空分布的主要因素有缺氧、缺水、低温和低气压。在岩石圈中，生物分布的最深记录是生存在地下2500～3000米处石油中的石油细菌，但大多数生物生存于土壤上层几十厘米之内。限制生物向土壤深处分布的主要因素有缺氧和缺光。由此可知，虽然生物可见于由赤道至两极之间的广大地区，但就厚度来讲，生物圈在地球上只占据薄薄的一层。

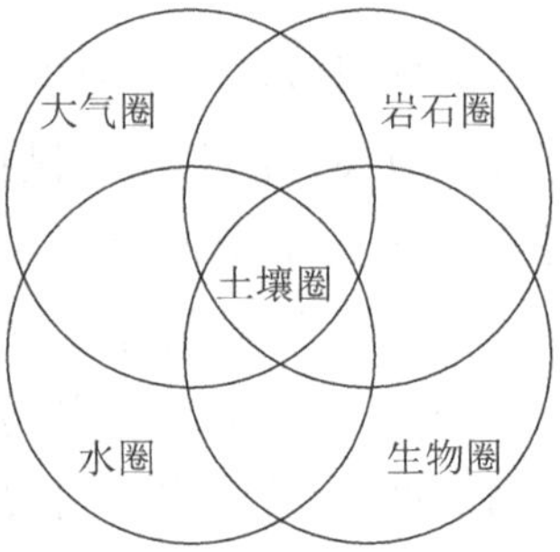

图 5-7 生物圈

项目六　地球的内部圈层

任务一　地球的内部圈层划分

一、划分依据

地球内部情况主要是通过地震波的记录间接地获得的。地震时，地球内部物质受到强烈冲击而产生波动，称为地震波。它主要分为纵波和横波。由于地球内部物质不均一，地震波在不同弹性、不同密度的介质中，其传播速度和通过的状况也就不一样（见表6-1）。例如，纵波在固体、液体和气体介质中都可以传播，速度也较快；横波只能在固体介质中传播，速度比较慢。地震波在地球深处传播时，如果传播速度突然发生变化，这突然发生变化所在的面，称为不连续面。根据不连续面的存在，人们间接地知道地球内部具有圈层结构（见图6-1）。

表 6-1　纵波与横波的特点比较

分类	特点		
	传播速度	所经物质状态	共同点
纵波	较快	固体、液体、气体	都随所通过物质的性质而改变
横波	较慢	固体	

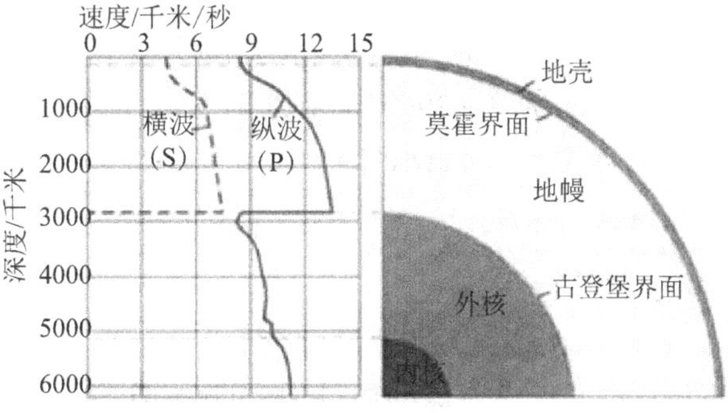

图 6-1　地震波的传播速度与地球内部圈层的划分

从地球内部地震波曲线图上，可以看出地震波在一定深度发生突然变化。

这种波速发生突然变化的面叫作不连续面。地球内部有两个明显的不连续面：一个在地面下平均33千米处（指大陆部分），在这个不连续面下，纵波和横波的传播速度都明显增加，这个不连续面叫作莫霍界面；另一个在地下2900千米处，在这里纵波的传播速度突然下降，横波完全消失，这个面叫作古登堡界面。

以莫霍界面和古登堡界面为界，可以将地球内部分为地壳、地幔和地核三个圈层。

地壳和上地幔顶部（软流层以上），由坚硬的岩石构成，合称为岩石圈。（见图6-2）

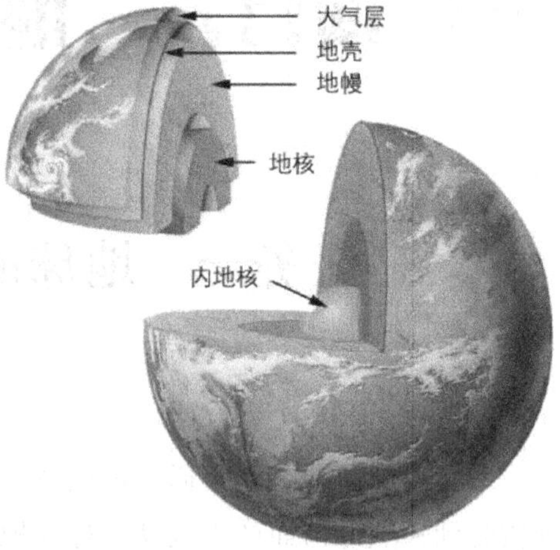

图 6-2　地球内部圈层

二、地球内部的主要物理性质

地球内部的主要物理性质包括密度、压力、重力、温度、磁性及弹塑性等。

1.物理参数

平均半径：6372.797千米　　赤道半径：6378.137千米

极半径：6356.752千米　　表面积：510065600平方千米

重量：5.9742×10^{24}千克

平均密度：5515.3千克/立方米　表面重力：9.7801米/二次方秒（0.99732克）

逃逸速度：11.186千米/秒（≅39600千米/小时）

自转周期：0.997258天（23.934小时）

赤道自转速度：465.11米/秒

转轴倾角：23.439281°

2.密度

根据万有引力公式可算出地球的质量为5.974×10^{21}吨，再利用地球体积可得出地球的平均密度为5.516克/立方厘米。但从地表岩石实测的平均密度仅为2.7～2.8克/立方厘米，可以肯定地球内部必定有密度更大的物质。目前，对地球内部各圈层物质密度大小与分布的计算，主要是依靠地球的平均密度、地震波传播速度、地球的转动惯量及万有引力等方面的数据与公式综合求解而得出的。计算结果表明，地球内部的密度由表层的2.7～2.8克/立方厘米向下逐渐增加到地心处的12.51克/立方厘米，并且在一些不连续面处有明显的跳跃，其中以古登堡面（核-幔界面）处的跳跃幅度最大，从5.56克/立方厘米剧增到9.98克/立方厘米；在莫霍面（壳-幔界面）处密度从2.9克/立方厘米左右突然增至3.32克/立方厘米。

3.压力

地球内部的压力是指不同深度上单位面积上的压力，实质上是压强。在地内深处某点，来自其周围各个方向的压力大致相等，其值与该点上方覆盖的物质的重量成正比。地内的这种压力又称为静压力或围压。因此，地内压力总是随深度连续而逐渐地增加的。如果知道了地球内部物质的密度大小与分布，便可求出不同深度的压力值。

4.重力

地球上的任何物体都受着地球的吸引力和因地球自转而产生的离心力的作用。地球吸引力和离心力的合力就是重力。地球的离心力相对吸引力来说是非常微弱的，方向大致指向地心。地球周围受重力影响的空间称重力场。重力场的强度用重力加速度来衡量，并简称为重力。地球表面各点的重力值因引力与离心力的不同呈现一定的规律性变化。地球两极的重力值最大，并向赤道减小。离心力以赤道最大，向两极离心力逐渐减小为零，所以，在引力与离心力的共同影响下，重力值具有随纬度增高而增加的规律。在地球内部，重力因深度而不同。

5.温度

温度在地球内部的分布状况称为地温场。在地壳表层，由于太阳辐射热的影响，其温度常有昼夜变化、季节变化和多年周期变化，这一层称为外热层。外热层受地表温差变化的影响由表部向下逐渐减弱，外热层的平均深度约15米，最多不过几十米。在外热层的下界处，温度常年保持不变，等于或略高于年平均气温，这一深度带称为常温层。在常温层以下，由于受地球内部热源的影响，温度开始随深度逐渐增高。而地温梯度是随深度增加逐渐降低的。对于地球深部的温度分布，目前主要是根据地震波的传播速度与介质熔点温度的关系式推导得出的。由于热具有从高温向低温传播的性质，所以地球内部的高温热能总是以对流、传导和辐射等方式向地表传播并散失到外部空间，通常把单位时间内通过地表单位面积的热量称为地热流密度。地表的不同地区地热流值并不相同，一般在一些构造活动的地区（如年青山脉、大洋中脊、火山、岛弧等）热流值偏高，而在一些构造稳定的地区热流值偏低。地表热流值或地温梯度明显高于平均值或背景值的地区称为地热异常区。

6.磁场

地球周围形成一个巨大的地磁场。地磁具有以下特点：（1）地磁南北极和地理南北极的位置不一致，并且磁极的位置逐年都有变化，磁极有向西缓慢移动的趋势。（2）地面上每一点都可从理论上计算出它的磁偏角和磁倾角。如磁偏角和磁倾角与理论值不符时，叫作地磁异常。局部的地磁异常主要是由地下岩石磁性差异引起。属于地球物理勘探方法之一的磁法勘探就是据此寻找地磁异常区，从而发现隐伏地下的高磁性矿床。此外通过研究在亿、万年前所形成的岩石中保存下来的剩余磁性的方向和强度，来判断地球磁场方向的变化，称古地磁学。它可以配合其他方法探索地球岩石圈构造发展的历史。（3）根据人造卫星在地球外层空间探测发现，地球磁场的磁力线不是那样规则的，而是由于太阳风的影响，地球的磁场被压缩在一个固定区域内，这个区域叫磁层。磁层像一个头朝太阳的彗星，磁层顶部朝向太阳，距离地球有10个地球半径远，而尾部可以拖到几百个地球半径那么远。磁层可以使地球上生物免受宇宙射线和粒子袭击的危害。

7.弹塑性

地球具有弹性，表现在地球内部能传播地震波，因为地震波是弹性波。日、月的吸引力能使海水发生涨落即潮汐现象，用精密仪器对地表的观测发现，地表的固体表面在日、月引力下也有交替的涨落现象，其幅度为7～15厘米，这种现象称为固体潮，这也说明固体地球具有弹性。同时，地球也表现出塑性。地球自转的惯性离心力能使地球赤道半径加大而成为椭球体，表明地球具有塑性；在野外常观察到一些岩石可发生强烈的弯曲却未破碎或断裂，这也表明固体地球具有塑性。地球的弹、塑性这两种性质并不矛盾，它们是在不同的条件下所表现出来的。如在作用速度快、持续时间短的力（如地震作用力）的条件下，地球常表现为弹性体；在作用力缓慢且持续时间长（如地球旋转离心力、构造运动作用力）或在地下深部较高的温、压条件下，则可表现出较强的塑性。

任务二　地壳

一、简介

地壳是指由岩石组成的固体外壳，地球固体圈层的最外层，岩石圈的重要组成部分，可以用化学方法将它与地幔区别开来。其底界为莫霍洛维奇不连续面（莫霍面引）。

地壳是地球固体地表构造的最外圈层，整个地壳平均厚度约17千米，其中大陆地壳厚度较大，平均约为35千米。 高山、高原地区地壳更厚，最高可达70千米；平原、盆地地壳相对较薄。大洋地壳则远比大陆地壳薄，厚度只有几千米。

地壳分为上下两层。上层化学成分以氧、硅、铝为主，平均化学组成与花岗岩相似，称为花岗岩层，亦有人称之为“硅铝层”。此层在海洋底部很薄，尤其是在大洋盆底地区，太平洋中部甚至缺失，是不连续圈层。

下层富含硅和镁，平均化学组成与玄武岩相似，称为玄武岩层，所以有人称之为“硅镁层”（另一种说法，整个地壳都是硅铝层，因为地壳下层的铝含量仍超过镁；而地幔上部的岩石部分镁含量极高，所以称为硅镁层）；在大陆和海洋均有分布，是连续圈层。两层以康拉德不连续面隔开。

二、地壳中的元素

化学元素周期表中有108种元素，其中92种元素以及300多种同位素在地壳中存在。

在地壳中最多的化学元素是氧，它占总重量的48.6%；其次是硅，占26.3%；以下是铝、铁、钙、钠、钾、镁。丰度最低的是砹和钫，约占1023分之一。上述8种元素占地壳总重量的98.04%，其余80多种元素共占1.96%。

地壳中各种化学元素平均含量的原子百分数称为原子克拉克值，地壳中原子数最多的化学元素仍然是氧，其次是硅，氢是第三位。

地壳中含量最多的元素是氧，但含量最多的金属元素则要首推铝了。

铝占地壳总量的7.73%，比铁的含量多一倍，大约占地壳中金周元素总量的三分之一。

铝对人类的生产生活有着重大的意义。它的密度很小，导电、导热性能好，延展性也不错，且不易发生氧化作用，它的主要缺点是太软。为了发挥铝的优势，弥补它的不足，故而使用时多将它制成合金。铝合金的强度很高，但重量却比一般钢铁轻得多，它广泛用来制造飞机、火车车厢、轮船、日用品等。由于它的导电性能好，它又被用来输电。由于它有很好的抗腐蚀性和对光的反射性，因而在太阳能的利用上也一展身手。

三、地壳的运动

1.地壳运动的证据

地壳自形成以来，每时每刻都在运动着，这种运动引起地壳结构不断地变化。地震是人们直接感到的地壳运动的反映。更普遍的地壳运动是在长期地、缓慢地进行着，也是人们不易觉察到的，必须借助仪器长期观测才能发觉。例如，大地水准测量资料证明，喜马拉雅山脉至今仍以每年0.33～1.27厘米的速度在上升。

地球在地质时期的地壳运动，虽然不能通过直接测量得知，但在地壳中却留下了形迹。在山区岩石裸露的地方，沉积岩层常常是倾斜、弯曲的，甚至断裂错开了，这都是岩层受力发生变形的结果。在我国山东荣成沿海一带，昔日的海滩现已高出海面20～40米。福建漳州、厦门一带，昔日的海滩也已高出海面20米左右，说明这些地方的地壳在上升。我国渤海海底发现了约达7千米的海河古河道，这表明渤海及其沿岸地区为现代下降速度较大的地区。再如，美丽的雨花石产于南京雨花台，这些夹有美丽花纹的光滑的卵石，是古河床的天然遗物。雨花台大量堆积着卵石，说明这里过去曾有河流，以后地壳上升，河道废弃，才成了如今比长江水面高出很多的雨花台砾石。

2.大陆漂移说

德国气象学家魏格纳（1880—1930）在1912年系统提出的一种大地构造假说。他认为古生代后期全球只有一个庞大的联合古陆，称“泛大陆”。中生代由于潮汐摩擦和从两极向赤道方向的挤压力，泛大陆开始分裂，较轻的花岗岩质大陆在较重的玄武岩质地幔上漂移，逐渐形成今日的海陆格局。他认为地球上的山脉也是大陆漂移的产物，科迪勒拉山和安第斯山是美洲大陆向西漂移滑动时，受到太平洋玄武质基底的阻挡，被挤压而形成的褶皱山脉；亚洲东缘的岛弧群，是大陆向西漂移过程中留下的残块；格陵兰的南端、佛罗里达、火地岛等弧形弯曲，都是向西滑动摩擦脱落的结果；东西向的阿尔卑斯山和喜马拉雅等各大山脉，是大陆从两极向赤道挤压的结果。魏格纳根据当时掌握的资料，从地质、地形、古生物、古气候和大地测量等方面，详细论证了大陆漂移说。这个假说当时引起了地质学界和地球物理学界的重视。但是对于大陆漂移的机制和规律，则有很多学者表示怀疑。20世纪50年代以来，古地磁学的研究表明，地质历史时期磁极的移动，只有用大陆漂移说才能得到合理的解释。因此大陆漂移说又获得了新生。

3. 板块构造学说

1961年和1962年，美国的迪茨和赫茨提出了“海底扩张说”。在此基础上，1968年法国地质学家勒皮顺等人首创“板块构造学说”，现已成为最流行的地球科学新理论。

板块构造学说将全球的岩石圈划分为六大板块：亚欧板块、非洲板块、美洲板块、太平洋板块、印度洋板块和南极洲板块，除六大板块外还有些小板块。大陆内部也可以划出一些次一级的板块。板块之间，分别以海峡或海沟、造山带为界。一般说来，板块内部地壳比较稳定；板块与板块交界处是地壳比较活动的地带，其活动性主要表现为地震、火山、张裂、错动、岩浆上升、地壳俯冲等。世界上的火山、地震活动，几乎都分布在板块的分界线附近。

板块学说认为地壳是有生有灭的。由于海底扩张，大洋底部不断更新，大陆则只是随着海底的扩张而移动。板块在相对移动的过程中，或向两边张裂，或彼此碰撞，从而形成了地球表面的基本面貌。如3亿年前，欧、非两洲和南、北美洲相连，以后出现大西洋海岭，新的洋壳不断形成并以它为中轴向两边扩张，才使上述各洲分开。而在近7000万年以来，由于印度板块不断北移，与亚欧板块相撞，产生喜马拉雅山脉。东非大裂谷则正处于非洲大陆开始张裂，处于产生新洋壳的雏形期。红海亚丁湾则是两侧地壳张裂扩张的结果，处于大洋壳的幼年期。现在的地中海，则是代表大洋发展的终了期，它是广阔的古地中海经过长期演化后残留下来的海洋。

关于板块的驱动力问题，有人认为是地幔对流，也有人认为是地幔中的“热点”和“热柱”把岩石圈拱起，而使其在重力作用下向下滑动推挤板块运动，还有其他的一些主张，目前尚无统一的认识。

大陆漂移——海底扩张——板块构造，这是人类对地壳运动认识过程不断深化发展的三部曲。

任务三　地幔

地幔是地球的莫霍面以下、古登堡面（深2885千米）以上的中间部分。其厚度约2850千米，占地球总体积的82.3%，占地球总质量的67.8%，是地球的主体部分。从整个地幔可以通过地震波横波的事实看，它主要由固态物质组成。根据地震波的次级不连续面，以650千米深处为界，可将地幔分为上地幔和下地幔两个次级圈层。

1.上地幔

上地幔的平均密度为3.5克/立方厘米，这一密度值与石陨石相当，暗示其可能具有与石陨石类似的物质成分。从火山喷发和构造运动从上地幔上部带出来的深部物质来看，也均为超基性岩。近年来通过高温高压试验来模拟地幔岩石的性质时发现，用橄榄岩55%、辉石35%、石榴子石10%的混合物作为样品（矿物成分相当于超基性岩），在相当于上地幔的温压条件下测定其波速与密度，得到与上地幔基本一致的结果。根据以上理由推测，上地幔由相当于超基性岩的物质组成，其主要的矿物成分可能为橄榄石，有一部分为辉石与石榴子石，这种推测的地幔物质被称为地幔岩。

上地幔上部存在一个软流圈，约从70千米延伸到250千米左右，其特征是出现地震波低速带。物理实验表明，波速降低可能是由于软流圈物质发生部分熔融，使其强度降低而引起的。据地内温度估算，软流圈的温度可达700～1300摄氏度，已接近超基性岩在该压力下的熔点温度，因此一些易熔组分或熔点偏低的组分便可开始发生熔融。据计算，软流圈的熔融物质可能仅占1%～10%，熔融物质散布于固态物质之间，因而大大降低了强度，使软流圈具较强的塑性或流动性。由于软流圈物质已接近熔融的临界状态，因此它成为岩浆的重要发源地。

2.下地幔

下地幔的平均密度为5.1克/立方厘米，由于这里经受着强大的地内压力作用，使得存在于上地幔的橄榄石等矿物分解成为氧化亚铁、氧化镁、二氧化硅和三氧化二铝等简单的氧化物。与上地幔相比，其物质化学成分的变化可能主要表现为含铁量的相对增加（或铁/镁的比例增大）。由于压力随深度的增大，物质密度和波速逐渐增加。

任务四　地核

一、概述

地球内部从古登堡面起，一直到地球中心，称之为地核。地核的质量占整个地球质量的31.5%，体积占整个地球体积的16.2%。根据地震波的变化情况，发现地核也有外核、内核之别。内、外核的分界面，大约在5155千米处。因地震波的横波不能穿过外核，所以一般推测外核是由铁、镍、硅等物质构成的熔融态或近于液态的物质组成。液态外核会缓慢流动，故有人推测地球磁场的形成可能与它有关。由于纵波在内核存在，所以内核可能是固态的。关于内核的物质构成，学术界有不少争议，许多人认为，主要是由铁和镍组成。但究竟是何物，这一切都还有待于进一步探索、证明。此外，内外核也不是截然分开的。有的学者认为，在内外核之间，还存在一个不大不小的“过渡层”，深度在地下4980～5120千米之间。地核的密度很大，即使最坚硬的金刚石，在这里也会被压成黄油那样软。这里的温度可达4000～6000摄氏度。

二、地球内部情况

地核内部这些特殊情况，即使在实验室里也很难模拟，所以人们对它了解得还很少。但有一点科学家是深信不疑的：地球内部是一个极不平静的世界，地球内部的各种物质始终处于不停息的运动之中。有的科学家认为，地球内部各层次的物质不仅有水平方向的局部流动，而且还有上下之间的对流运动，只不过这种对流的速度很小，每年仅移1厘米左右。有的科学家还推测，地核内部的物质可能受到太阳和月亮的引力而发生有节奏的震动。

三、相关知识

地球自西向东自转，同时围绕太阳公转。地球自转与公转运动的结合产生了地球上的昼夜交替和四季变化。地球自转的速度是不均匀的。同时，由于日、月、行星的引力作用以及大气、海洋和地球内部物质的各种作用，使地球自转轴在空间和地球本体内的方向都要产生变化。地球自转产生的惯性离心力使得球形的地球由两极向赤道逐渐膨胀，成为略扁的旋转椭球体，极半径比赤道半径约短21千米。

地球可以看作由一系列的同心层组成。地球内部有核、幔、壳结构。地球外部有水圈和大气圈，还有磁层，形成了围绕固态地球的“外套”。

地球从地表至第一个界面为地壳，它是由坚硬的岩石组成的固体外壳，平均厚度33千米，由沿海往内地增厚，第二圈层为地幔，其上层为上地幔，与地壳岩层组成地球的岩石圈，岩石圈厚约100千米。岩石圈以下至400千米处称软流层，是岩浆的主要发源地。软流层至地球内部第二个界面为下地幔，其间压力在3万至130万个大气压，温度高达1400～2000摄氏度。第二个界面以下为地核，物质具有巨大的密度，每立方厘米高达17.9克。值得指出的是，上述地球内部圈层的划分主要是以地震波传播速度的变化作为依据的。

我们所知，地核分为外地核与内地核。地球存在自转，而地核也存在自转，两者是一种差速转动的关系。也就是说，经过一百万年，地核将比赤道多转了一度。然而，随着时间的推移，由于处于外地核上的液态物质凝结于其表面，使得地核自转增加得非常缓慢。而在这个过程中，内地核东西半球在转速上的差异性对地核自转的影响是如何进行关联的，还需要进一步证实。

项目七　地球上的水

任务一　地球上的水

水是地球表面分布最广和最重要的物质。由于水在常温状态下具有液态、气态和固态相互转化的独特的物理性质，同时受太阳能和地球势能的影响，因而它在大气圈、冰冻圈、生物圈和岩石圈之间起着物质交换和能量转化的重要作用。

一、地球上水的分布

地球上的水分布很广泛。它以固态、液态和气态的形式分布于海洋、陆地以及大气之中，形成各种水体，共同组成水圈。其中，海洋是水圈的主体，面积约3.61×10^8平方千米，覆盖了地球表面约71%的面积。地球上96.53%的水存在于海洋中。陆地水包括地表水（如河流水、湖泊水、沼泽水等）和地下水。生物水和大气水在地球上含量很少，但却是水圈中较为活跃的因子。我们往往把海洋、河流、湖泊、冰川、地下800米深度以上和大气层7千米以内的水作为水环境的主体。

地球上的总水量达1385984.61万亿立方米，占地球质量的万分之二。其中，绝大部分为咸水，淡水只占全球总水量的2.53%。淡水中68.7%为冰川及永久雪盖，30.1%为地下水，前者地处僻远，难以利用，后者需凿井提取，才能利用。余下的1.2%才为可以利用的江河、湖、土壤和大气圈中的水。地球上各种水体的估计储量见表7-1。

表 7-1　地球上各种水体的储量

序号	类别	水储量（万亿立方米）	占总储量的百分比（%）	占淡水含量的百分比（%）
1	海洋水	1338000	96.5	
2	地下水	23400	1.7	
	其中地下咸水	12870	0.94	

续表

序号	类别	水储量（万亿立方米）	占总储量的百分比（%）	占淡水含量的百分比（%）
2	地下淡水	10530	0.76	30.1
3	土壤水	16.5	0.001	0.05
4	冰川与永久雪盖	24064.1	1.74	68.7
5	永冻土底冰	300	0.022	0.86
6	湖泊水	176.4	0.013	
	其中湖泊咸水	85.4	0.006	
	湖泊淡水	91	0.007	
7	沼泽水	11.47	0.0008	0.08
8	河网水	2.12	0.0002	0.006
9	生物水	1.12	0.0001	0.003
10	大气水	12.9	0.001	0.04
	总计	1385984.61	100	
	其中淡水	35029.21	2.53	100

二、水循环

水循环是指地球上不同的地方上的水，通过吸收太阳的能量，改变状态到地球上另外一个地方（见图7-1）。例如地面的水分被太阳蒸发成为空气中的水蒸气。而水在地球的状态包括固态、液态和气态。而地球中的水多数存在于大气层、地面、地底、湖泊、河流及海洋中。水会通过一些物理作用，例如：蒸发、降水、渗透、表面的流动和地底流动等，由一个地方移动到另一个地方。如水由河川流动至海洋。

图 7-1　水循环观念图

1.主要作用

水是一切生命机体的组成物质，也是生命代谢活动所必需的物质，又是人类进行生产活动的重要资源。地球上的水分布在海洋、湖泊、沼泽、河流、冰川、雪山，以及大气、生物体、土壤和地层。水的总量约为1.4×10^9立方千米，其中96.5%在海洋中，约覆盖地球总面积的70%。陆地上、大气和生物体中的水只占很少的一部分。

水循环的主要作用表现在三个方面：

① 水是所有营养物质的介质，营养物质的循环和水循环不可分割地联系在一起；

② 水对物质是很好的溶剂，在生态系统中起着能量传递和利用的作用；

③ 水是地质变化的动因之一，一个地方矿质元素的流失，而另一个地方矿质元素的沉积往往要通过水循环来完成。

地球上的水圈是一个永不停息的动态系统。在太阳辐射和地球引力的推动下，水在水圈内各组成部分之间不停的运动着，构成全球范围的海陆间循环（大循环），并把各种水体连接起来，使得各种水体能够长期存在。海洋和陆地之间的水交换是这个循环的主线，意义最重大。在太阳能的作用下，海洋表面的水蒸发到大气中形成水汽，水汽随大气环流运动，一部分进入陆地上空，在一定条件下形成雨雪等降水；大气降水到达地面后转化为地下水、土壤水和地表径流，地下径流和地表径流最终又回到海洋，由此形成淡水的动态循环。这部分水容易被人类社会所利用，具有经济价值，正是我们所说的水资源。

水循环是联系地球各圈和各种水体的“纽带”，是“调节器”，它调节了地球各圈层之间的能量，对冷暖气候变化起到了重要的因素。水循环是“雕塑家”，它通过侵蚀、搬运和堆积，塑造了丰富多彩的地表形象。水循环是“传输带”，它是地表物质迁移的强大动力和主要载体。更重要的是，通过水循环，海洋不断向陆地输送淡水，补充和更新陆地上的淡水资源，从而使水成为了可再生的资源。

2.环节

水循环是多环节的自然过程，全球性的水循环涉及蒸发、大气水分输送、地表水和地下水循环以及多种形式的水量贮蓄降水、蒸发和径流是水循环过程的三个最主要环节，这三者构成的水循环途径决定着全球的水量平衡，也决定着一个地区的水资源总量（见图7-2）。

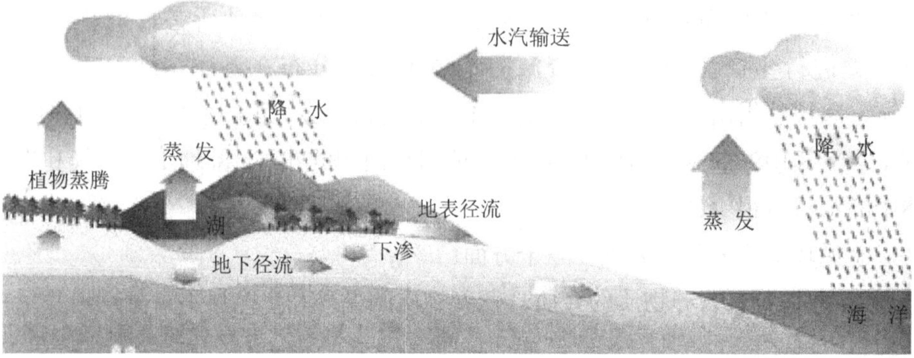

图 7-2　水循环环节

蒸发是水循环中最重要的环节之一。由蒸发产生的水汽进入大气并随大气活动而运动。大气中的水汽主要来自海洋，一部分还来自大陆表面的蒸散发。大气层中水汽的循环是蒸发–凝结—降水—蒸发的周而复始的过程。海洋上空的水汽可被输送到陆地上空凝结降水，称为外来水汽降水；大陆上空的水汽直接凝结降水，称内部水汽降水。一地总降水量与外来水汽降水量的比值称该地的水分循环系数。全球的大气水分交换的周期为10天。在水循环中水汽输送是最活跃的环节之一。

径流是一个地区（流域）的降水量与蒸发量的差值。多年平均的大洋水量平衡方程为：蒸发量=降水量–径流量；多年平均的陆地水量平衡方程是：降水量=径流量+蒸发量。但是，无论是海洋还是陆地，降水量和蒸发量的地理分布都是不均匀的，这种差异最明显的就是不同纬度的差异。

中国的大气水分循环路径有太平洋、印度洋、南海、鄂霍茨克海及内陆等5个水分循环系统。它们是中国东南、西南、华南、东北及西北内陆的水汽来源。西北内陆地区还有盛行西风和气旋东移而来的少量大西洋水汽。

陆地上（或一个流域内）发生的水循环是降水—地表和地下径流—蒸发的复杂过程。陆地上的大气降水、地表径流及地下径流之间的交换又称三水转化。流域径流是陆地水循环中最重要的现象之一。

地下水的运动主要与分子力、热力、重力及空隙性质有关，其运动是多维的。通过土壤和植被的蒸发、蒸腾向上运动成为大气水分；通过入渗向下运动可补给地下水；通过水平方向运动又可成为河湖水的一部分。地下水储量虽然很大，但却是经过长年累月甚至上千年蓄集而成的，水量交换周期很长，循环极其缓慢。地下水和地表水的相互转换是研究水量关系的主要内容之一，也是现代水资源计算的重要问题。

据估计，全球总的循环水量约为496′1012立方米/年，不到全球总储水量的万分之四。在这些循环水中，约有22.4%成为陆地降水，这其中的约三分之二又从陆地蒸发掉了。但总算蒸发量小于降水量，这才形成了地面径流。

3.水循环的影响

（1）形成原因：形成水循环的内因是水在通常环境条件下气态、液态、固态易于转化的特性，外因是太阳辐射和重力作用，为水循环提供了水的物理状态变化和运动的能量。地球上的水分布广泛，贮量巨大，是水循环的物质基础。由于地球上太阳辐射的强度不均匀，不同地区的水循环的情况也就不相同。如在赤道地区太阳辐射强度大，降水量一般比中纬地区多，尤其比高纬地区多。

（2）影响因素：自然因素主要有气象条件（大气环流、风向、风速、温度、湿度等）和地理条件（地形、地质、土壤、植被等）。人为因素对水循环也有直接或间接的影响。

人类活动不断改变着自然环境，越来越强烈地影响水循环的过程。人类构筑水库，开凿运河、渠道、河网，以及大量开发利用地下水等，改变了水的原来径流路线，引起水的分布和水的运动状况的变化。农业的发展，森林的破坏，引起蒸发、径流、下渗等过程的变化。城市和工矿区的大气污染和热岛效应也可改变本地区的水循环状况。

环境中许多物质的交换和运动依靠水循环来实现。陆地上每年有3.6×10^{13}立方米的水流入海洋，这些水把约3.6×10^{9}吨的可溶解物质带入海洋。

人类生产和消费活动排出的污染物通过不同的途径进入水循环。矿物燃料燃烧产生并排入大气的二氧化硫和氮氧化物，进入水循环能形成酸雨，从而把大气污染转变为地面水和土壤的污染。大气中的颗粒物也可通过降水等过程返回地面。土壤和固体废物受降水的冲洗、淋溶等作用，其中的有害物质通过径流、渗透等途径，参加水循环而迁移扩散。人类排放的工业废水和生活污水，使地表水或地下水受到污染，最终使海洋受到污染。

水在循环过程中，沿途挟带的各种有害物质，可由于水的稀释扩散，降低浓度而无害化，这是水的自净作用。但也可能由于水的流动交换而迁移，造成其他地区或更大范围的污染。

地球上大量的热能用于将冰融化为水（335焦/克）使水温升高（1摄氏度需4.18焦/克），并将水转换为蒸汽（2243焦/克）。因此，水有防止温度发生剧烈波动的重要生态作用。

4.水量平衡

在一个足够长的时期里，全球范围的总蒸发量等于总降水量。与世界大陆相比，中国年降水量偏低，但年径流系数均高，这是中国多山地形和季风气候影响所致。中国内陆区域的降水和蒸发均比世界内陆区域的平均值低，其原因是中国内陆流域地处欧亚大陆的腹地，远离海洋之故。中国水量平衡要素组成的重要界线，是1200毫米年等降水量。年降水量大于1200毫米的地区，径流量大于蒸散发量；反之，蒸散发量大于径流量，中国除东南部分地区外，绝大多数地区都是蒸散发量大于径流量。越向西北差异越大。水量平衡要素的相互关系还表明在径流量大于蒸发量的地区，径流与降水的相关性很高，蒸散发对水量平衡的组成影响甚小。在径流量小于蒸发量的地区，蒸散发量则依降水而变化。这些规律可作为年径流建立模型的依据。另外，中国平原区的水量平衡均为径流量小于蒸发量，说明水循环过程以垂直方向的水量交换为主。

5.地理意义

水循环（见表7-2）的地理意义有五方面：

①水在水循环这个庞大的系统中不断运动、转化，使水资源不断更新（所谓更新，在一定程度上决定了水是可再生资源）。

表 7-2　三种水循环的比较

水循环类型	发生空间	循环过程及环节	特点	水循环的意义
海陆间大循环	海洋与陆地之间	①蒸发②水汽输送③降水④地表径流⑤下渗⑥地下径流	最重要的水循环类型，使陆地水得到补充，水资源得以再生	①维持了全球水的动态平衡，使全球各种水体处于不断更新状态②使地表各圈层之间，海陆之间实现物质迁移和能量交换③影响全球的气候和生态④塑造地表形态
海上内循环	海洋与海洋上空之间	①蒸发②降水	携带水量最大的水循环，是海陆间大循环的近十倍	
陆地循环	陆地与陆地上空之间	①蒸发②植物蒸腾③降水	补充陆地水体的少量为数很少	

②水循环维持全球水的动态平衡。

③水循环进行能量交换和物质转移。陆地径流向海洋源源不断地输送

泥沙、有机物和盐类；对地表太阳辐射吸收、转化、传输，缓解不同纬度间热量收支不平衡的矛盾，对于气候的调节具有重要意义。

④造成侵蚀、搬运、堆积等外力作用，不断塑造地表形态。

⑤水循环可以对土壤的优质产生影响。

任务二　陆地上的水

陆地水以淡水为主，是地球的自然地理要素或组成部分。陆地水分布广泛，不仅平原、盆地有，高原、山地上亦有；不仅有液态水，也有固态水；不仅有河流、湖泊、沼泽及冰川，还有大量的地下水和土壤水。陆地水与海洋相对数量很小，但是这些水体分布于不同地区，经常运动和变化着，作为活跃的外动力之一对地表形态的形成和改造，以及它们对气候、植被等其化自然要素的作用，尤其是以淡水为主，可以直接被人类所利用的不可缺少的资源。这充分显示了它们在地球自然景观形成、发展和人类社会发展中的重要性。

一、河流

地面流水主要来源于大气降水。大气降水包括雨水、雪、冰雹等。降落在地面的雨水或渗入地下或直接向低洼处流动成为地面流水。冰雪融化后的水也是一部分渗入地下，一部分直接成为地面流水。地下水在某些地方又可以以泉水形式流出地表，成为地面流水。地面流水汇聚成河流，流向湖泊和海洋。大江大河的水源往往表现为多种形式，例如我国的长江，发源地在唐古拉山主峰格拉丹冬雪山一带，由冰川融化的雪水供给，沿途还不断有雨水、地下水及各支流水的补给，最后汇成举世闻名的长江。

1.河流形态特征

河流形态特征一般包括地貌特征和几何特征两方面。

（1）地貌特征

较大的河流上游和中游一般具有山区河流的地貌特征：河谷狭窄，横断面多呈V或U形，两岸山嘴突出，岸线犬牙交错很不规则；河道纵向坡度大，水流急，常形成许多深潭；河岸两侧形成数级阶地。平原河流在松散的冲积层上，地貌特征与山区河流很不相同。横断面宽浅，纵向坡度小，河床上浅滩深槽交替，河道蜿蜒曲折，多曲流与汊河。

（2）几何特征

河流几何特征用以下参数表示：自河口沿干流至支流最远点的长度称为河长。河长基本上反映出河流集水面积的大小。河源与河口的垂直高差称为河流的落差。落差大表明河流水能资源丰富。落差与河长的比值称为河流的比降，比降越大河道汇流越快。河流实际长度与河流两端直线距离的比值称为弯曲系数，弯曲系数越大，对洪水宣泄越不利。

2. 河流水文动态

包括河流补给、径流变化、河流热状况、河流化学变化、河流泥沙运动和河水运动等。河流补给主要有雨水、冰雪融水、湖泊、沼泽水和地下水。雨水是热带、亚热带和温带地区河流主要补给源，北温带和寒带地区河流主要靠冰雪融水补给。

3.河流地貌

河流作用于地球表面所形成的各种侵蚀、堆积形态的总称。包括沟谷、侵蚀平原等河流侵蚀地貌和冲积平原、三角洲等河流堆积地貌（见图7-3）。研究河流地貌，掌握河流的演变过程，预测河流的变化趋势，对水利、交通、工农业生产和城镇建设，都具有重要意义。

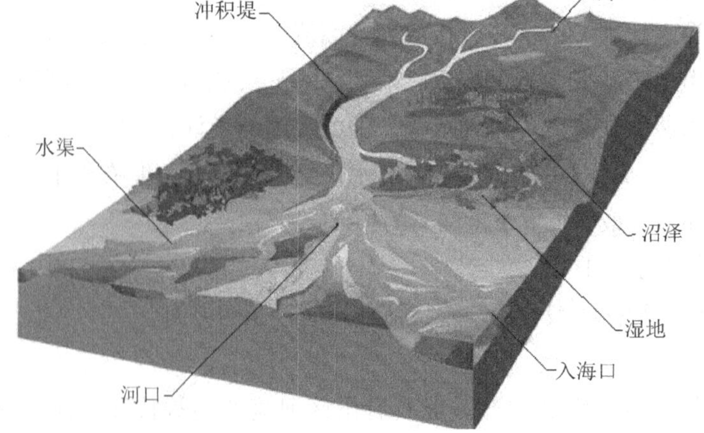

图 7-3　河流地貌

河流作用是地球表面最经常、最活跃的地貌作用，它贯穿于河流地貌的全过程。无论什么样的河流均有侵蚀、搬运和堆积作用，并形成形态各异的地貌类型。

河流一般可分为上游、中游与下游三个部分。河流根据平面形态、河型动态和分布区域的不同，有不同的类型。依平面形态可分为顺直型、弯曲型、分汊型和游荡型；按河型动态主要分为相对稳定和游荡型两类。山区与平原的河流地貌各自有着不同的发育演化规律与特点。山区河流谷地多呈V或U形，纵坡降较大，谷底与谷坡间无明显界限，河岸与河底常有基岩出露，多为顺直河型；平原河流的河谷中多厚层冲积物，有完好宽平的河漫滩，河谷横断面为宽U或W形，河床纵剖面较平缓，常为一光滑曲线，比降较小，多为弯曲、分汊与游荡河型。

（1）侵蚀地貌

侵蚀地貌分为：下蚀（侵蚀河床）、侧蚀（侵蚀阶地、谷地）、溯源侵蚀（侵蚀谷坡，向河源方向延伸）。

下蚀一般在上游最突出，原因是河流的上游多为山区，落差较大，河流速度快，因此下蚀严重。

侧蚀在中下游最突出，中下游落差较小，水流减慢，因此侧蚀严重。

溯源侵蚀的根本原因在于“下蚀”，因此在河流的源头出现。

（2）堆积地貌

堆积地貌分为：河漫滩（平原）、堆积阶地、洪积-冲积平原、河口三角洲等。

洪积-冲积平原发育于山前。在山区，由于地势陡峭，洪水期水流速度较快，携带大量泥沙和砾石。水流流出山口时，由于地势突然趋于平缓，河道变得开阔，水流速度减慢，河流搬运的物质逐渐沉积下来，形成扇状堆积地貌，称为洪（冲）积扇地貌。洪（冲）积扇不断扩大而彼此相连，就形成洪积-冲积平原。

河漫滩（平原）：在中下游地区，河流在凸岸堆积，形成水下堆积体。堆积体的面积不断升高扩大，在枯水季节露出水面，形成河漫滩。洪水季节被水淹没继续堆积。如果河流改道或向下侵蚀，河漫滩被废弃。多个被废弃的河漫滩连接在一起就形成河漫滩平原。

三角洲：当携带大量泥沙的河流进入海洋时，入海口水下坡度平缓，加上海水的顶托作用，河水流速减慢，河流所携带的泥沙会沉积在河口前方，形成三角洲。

（3）河流作用

河流水流是线状水流，从时间上分为常年性水流和暂时性水流；从水流结构上则分为层流（流动的水质点彼此平行，并保持恒定的速率和方向）和紊流（流动的水质点呈不规则运动，其速率和方向不断变化），以及环流（水质点在横向上构成一个个环状向前的水流）和旋涡流（水质点围绕一个公共轴呈螺旋状水流）。无论哪种水流均能进行侵蚀、搬运和堆积作用。

二、湖泊和沼泽

（一）湖泊

湖泊是湖盆、湖水、水体中所含物质—矿物质、溶解质、有机质及水生生物等所共同组成的矛盾体。湖泊称呼不一，多用方言，别称主要有陂、泽、池、海、泡、荡、淀、泊、漳、错和诺尔等。水库属于人工造就的一种湖泊。湖泊在其发展过程中，常因淤积转变为沼泽。

1.分类

（1）按湖泊成因可分为九类

构造湖：是在地壳内力作用形成的构造盆地上经储水而形成的湖泊。其特点是湖形狭长、水深而清澈，如云南高原上的滇池、洱海和抚仙湖；青海湖、新疆喀纳斯湖等。（再如著名的东非大裂谷沿线的马拉维湖、坦噶尼喀湖、维多利亚湖）构造湖一般具有十分鲜明的形态特征，即湖岸陡峭且沿构造线发育，湖水一般都很深。同时，还经常出现一串依构造线排列的构造湖群。

火山口湖：系火山喷火口休眠以后积水而成，其形状是圆形或椭圆形，湖岸陡峭，湖水深不可测，如长白山天池深达373米，为我国第一深水湖泊。

堰塞湖：由火山喷出的岩浆、地震引起的山崩和冰川与泥石流引起的滑坡体等壅塞河床，截断水流出口，其上部河段积水成湖，如五大连池、镜泊湖等。

岩溶湖：是由碳酸盐类地层经流水的长期溶蚀而形成岩溶洼地、岩溶漏斗或落水洞等被堵塞，经汇水而形成的湖泊，如贵州省威宁县的草海。威宁城郊建有观海楼，登楼眺望，只见湖中碧波万顷，秀色迷人；湖心岛上翠阁玲珑，花木扶疏，有水上公园之称。

冰川湖：是由冰川挖蚀形成的坑洼和冰碛物堵塞冰川槽谷积水而成的湖泊。如新疆阜康天池，又称瑶池，相传是王母娘娘沐浴的地方。北美五大湖、芬兰、瑞典的许多湖泊等。

风成湖：沙漠中低于潜水面的丘间洼地，经其四周沙丘渗流汇集而成的湖泊，如敦煌附近的月牙湖，四周被沙山环绕，水面酷似一弯新月，湖水清澈如翡翠。

河成湖：由于河流摆动和改道而形成的湖泊。它又可分为三类：一是由于河流摆动，其天然堤堵塞支流而潴水成湖。如鄱阳湖、洞庭湖、江汉湖群（云梦泽一带）、太湖等。二是由于河流本身被外来泥沙壅塞，水流宣泄不畅，潴水成湖。如苏鲁边境的南四湖等。三是河流截弯取直后废弃的河段形成牛轭湖。如内蒙古的乌梁素海。

海成湖：由于泥沙沉积使得部分海湾与海洋分割而成，通常称作泻湖，如里海、杭州西湖、宁波的东钱湖。约在数千年以前，西湖还是一片浅海海湾，以后由于海潮和钱塘江挟带的泥沙不断在湾口附近沉积，使湾内海水与海洋完全分离，海水经逐渐淡化才形成今日的西湖。

潟湖：是一种因为海湾被沙洲所封闭而演变成的湖泊，所以一般都在海边。这些湖本来都是海湾，后来在海湾的出海口处由于泥沙沉积，使出海口形成了沙洲，继而将海湾与海洋分隔，因而成为湖泊。

“潟”这个字少见于现代汉语，是卤咸地之意，由于较常见于日语，不少人以为是和制汉字（Sinico-Japanese），其实不然。由于很多人不懂得“潟”这个字，所以经常都把它写错成“泻湖”。

①具有防洪的功能：潟湖可宣泄区域排水，因而很少发生水灾。

②保护海岸的功能：由于外有沙洲的阻挡可防止台风暴潮侵蚀冲刷海岸。

③是天然的养殖场：潟湖是鱼、虾、贝和螃蟹的孕育场，也是邻近渔民的天然养殖场。

④由于潟湖外侧往往有沙洲作为防波堤，其内风平浪静，因此有时可以改建为人工港。

著名的潟湖有：七股潟湖、戈佐内海、科勒潟湖。

（2）按湖水所含盐度分为六类

湖水含盐量是衡量湖泊类型的重要标志，通常把含盐量或矿化度达到或超过50克/升的湖水，称为卤水或者盐水，有的也叫矿化水。卤水的含盐量，已经接近或达到饱和状态，甚至出现了自析盐类矿物的结晶或者直接形成了盐类矿物的沉积。所以，把湖水含盐量50克/升作为划分盐湖或卤水湖的下限标准。依据湖水含盐量或矿化度的多少，将湖泊划分为六种类型，各种类型湖泊的划分原则如下：

淡水湖：湖水矿化度小于或等于1克/升；

微（半）咸水湖：湖水矿化度大于1克/升，小于35克/升；

咸水湖：湖水矿化度大于或等于1克/升，小于50克/升；

盐湖或卤水湖：湖水矿化度等于或大于50克/升；

干盐湖：没有湖表卤水，而有湖表盐类沉积的湖泊，湖表往往形成坚硬的盐壳；

砂下湖：湖表面被砂或黏土粉砂覆盖的盐湖。

2.湖泊的机械沉积作用

湖水的机械沉积物主要来源于河流，其次为湖岸岩石的破碎产物。碎屑物质从浅水区进入深水区，由于动力逐渐减小，逐步发生沉积。从湖滨到湖心，沉积物粒度由粗变细，呈同心环带状分布。湖泊与海洋相似，粗碎屑物也可以堆积成湖滩、沙坝和沙嘴；细小的黏土级物质被湖流搬运到湖心，极缓慢地沉积到湖底，形成深色的、含有机质的湖泥。湖底较平静，沉积物不受波浪扰动，因此发育水平层理。一般来说，山区湖泊碎屑沉积物的粒度偏粗，平原区湖泊的沉积物粒度较细。

3.湖泊的化学沉积作用

湖水化学沉积作用受气候条件的控制极为明显，不同的气候区化学沉积物差别很大。

（1）潮湿气候区湖泊化学沉积作用

潮湿气候区降水充沛，湖泊多为泄水湖。溶解度大的组分如钾、钠、镁、钙等的卤化物、硫酸盐很少发生沉淀，河流及地下水带入的铁、锰、铝等的胶体物质或盐类物质易受水质变化的影响，成为潮湿气候区湖泊化学沉积的主要组成部分。这些物质沉积后，常形成湖相的铁、锰、铝矿床，其中最常见的是铁矿床，矿物成分以褐铁矿、菱铁矿及黄铁矿为主。

湖水中的钙质可以碳酸钙的形式沉淀出来，并与湖底淤泥混在一起，形成钙质泥，成岩后形成泥灰岩，有时钙质沉淀较少，则形成钙质结核。

（2）干旱气候区湖泊化学沉积作用

干旱气候区湖水很少外泄，主要消耗在蒸发上。蒸发作用使湖水的盐度逐渐增加，变成咸水湖甚至盐湖。在湖水逐渐咸化的过程中，溶解度小者首先沉淀，沉淀的顺序大致为碳酸盐、硫酸盐、氯化物，据此将盐湖沉积划分为四个阶段。

碳酸盐阶段　湖水在咸化过程中，溶解度较低的碳酸盐先达到饱和而结晶沉淀。钙的碳酸盐沉淀最早，镁、钠碳酸盐次之，形成方解石、白云石、苏打、天然碱。若湖水中含硼酸盐，则可出现硼砂，此类湖泊称碱湖或苏打湖。

硫酸盐阶段　湖水进一步咸化，深度变浅，溶解度较大的硫酸盐类沉淀下来，形成石膏、芒硝、无水芒硝等矿物，这类盐湖又称为苦湖。

氯化物阶段　湖水进一步浓缩，残余湖水便能成为可供直接开采的、以氯化钠为主的天然卤水。湖水继续蒸发，石盐、光卤石和钾盐开始析出，此类湖泊称为盐湖。

砂下湖阶段　当湖泊全被固体盐类充满，全年都不存在天然卤水，盐层常被碎屑物覆盖成为埋藏的盐矿床，盐湖的发展结束。

上述盐湖发展过程是个理想的过程，只有在气候长期不变，湖水化学成分多的情况下才能达到。另外，盐湖除化学沉积外还有机械沉积，因此盐层常与砂泥层交互出现。

（二）沼泽

地表及地表下层土壤经常过度湿润，地表生长着湿性植物和沼泽植物，有泥炭累积或虽无泥炭累积但有潜育层存在的土地。其形成主要取决于地貌条件和水热状况。根据发展阶段可分为低位、中位和高位沼泽，即富营养、中营养和贫营养沼泽。按地貌条件可分为山地沼泽、高原沼泽和平原沼泽。根据有无泥炭可分为泥炭沼泽和潜育沼泽。（见图7-4）

1.形成条件和原因

土壤表层长期过湿是沼泽形成的直接原因：①草甸、低洼地由于坡降平缓和土地黏重，地表水排泄不畅或下渗困难；②森林采伐地区或火烧迹地由于失去树木的巨大吸水作用，土层的水平衡遭到破坏；③地下水溢出带由于泉水经常出露；④灌区由于过量灌溉等。此外，在冻土地带适合低等植物生长的地方，因季节性融冻作用，也会促成沼泽化过程。有的沼泽在发育过程中，因死亡植物残体的累积速度大于分解速度，便出现泥潭累积层，称泥炭沼泽，寒温带的大多数沼泽即属此类；有的沼泽植物残体的累积速度小于或等于分解速度，只出现一定厚度的草根层，称潜育沼泽，中国东北三江平原的大多数沼泽即属此类。

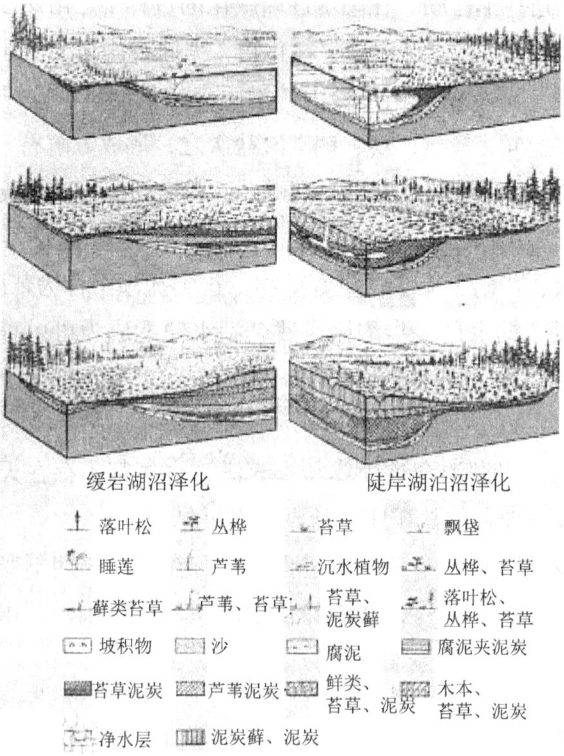

图 7-4　沼泽演替示意图

2. 沼泽的沉积作用

沼泽的沉积作用以生物沉积作用为主。沼泽是地表充分湿润或有浅层积水的地带，一般喜湿性植被发育。植物死亡后，堆积起来形成泥炭。泥炭沼泽可分为低位、中位和高位三种类型。低位沼泽低于地下水面，由地表水和地下水补给，植物能得到充足的养分；高位沼泽中部隆起，只能从大气降水得到补给，植物缺乏养分；中位沼泽介于上述两类型间。低位沼泽泥炭最为发育。泥炭是褐色或暗棕色、相对密度0.7～1.05的疏松有机物质，可作为燃料，亦可用于化工原料和农业肥料。

三、地下水

地下水，是指赋存于地面以下岩石空隙中的水，狭义上是指地下水面以下饱和含水层中的水。在国家标准《水文地质术语》（GB/T 14157-93）中，地下水是指埋藏在地表以下各种形式的重力水。

国外学者认为地下水的定义有三种：一是指与地表水有显著区别的所有埋藏在地下的水，特指含水层中饱水带的那部分水；二是向下流动或渗透，使土壤和岩石饱和，并补给泉和井的水；三是在地下的岩石空洞里、在组成地壳物质的空隙中储存的水。

地下水是水资源的重要组成部分，由于水量稳定，水质好，是农业灌溉、工矿和城市的重要水源之一。但在一定条件下，地下水的变化也会引起沼泽化、盐渍化、滑坡、地面沉降等不利自然现象。

1.主要功能

地下水与人类的关系十分密切，井水和泉水是我们日常使用最多的地下水。地下水可开发利用，作为居民生活用水、工业用水和农田灌溉用水的水源。地下水具有给水量稳定、污染少的优点。含有特殊化学成分或水温较高的地下水，还可用作医疗、热源、饮料和提取有用元素的原料。不过，地下水也会造成一些危害，如地下水过多，会引起铁路、公路塌陷，淹没矿区坑道，形成沼泽地等。在矿坑和隧道掘进中，可能发生大量涌水，给工程造成危害。在地下水位较浅的平原、盆地中，潜水蒸发可能引起土壤盐渍化；在地下水位高，土壤长期过湿，地表滞水地段，可能产生沼泽化，给农作物造成危害。同时，需要注意的是：地下水有一个总体平衡问题，不能盲目和过度开发，否则容易形成地下空洞、地层下陷等问题。

地下水作为地球上重要的水体，与人类社会有着密切的关系。地下水的贮存有如在地下形成一个巨大的水库，以其稳定的供水条件、良好的水质，而成为农业灌溉、工矿企业以及城市生活用水的重要水源，成为人类社会必不可少的重要水资源，尤其是在地表缺水的干旱、半干旱地区，地下水常常成为当地的主要供水水源。

据不完全统计，20世纪70年代以色列国75%以上的用水依靠地下水供给，德国的许多城市供水，亦主要依靠地下水；法国的地下水开采量，要占到全国总用水量1/3左右；像美国，日本等地表水资源比较丰富的国家，地下水亦要占到全国总用水量的20%左右。中国地下水的开采利用量约占全国总用水量的10%～15%，其中北方各省区由于地表水资源不足，地下水开采利用量大。根据统计，1979年黄河流域平原区的浅层地下水利用率达48.6%，海、滦河流域更高达87.4%；1988年全国270多万眼机井的实际抽水量为529.2亿立方米，机井的开采能力则超过800亿立方米。

问题的另一面，由于过量的开采和不合理的利用地下水，常常造成地下水位严重下降，形成大面积的地下水下降漏斗，在地下水用量集中的城市地区，还会引起地面发生沉降。此外工业废水与生活污水的大量入渗，常常严重地污染地下水源，危及地下水资源。因而系统地研究地下水的形成和类型、地下水的运动以及与地表水、大气水之间的相互转换补给关系，具有重要意义。

2.地下水循环形式

地下水循环有3种形式：①垂直循环。潜水含水层受大气降水或地表水入渗补给及蒸发排泄，是包气带地下水循环的基本形式。②水平循环。含水层中地下水以接受侧向补给为主，经过横向径流至排泄区，以泉或其他形式溢出，多出现在潜水含水层的保水带及承压含水层。③混合循环。垂直循环和水平循环两者兼有之的含水层，多出现在潜水含水层的地下水季节变动带。

四、冰川

冰川是指发生在陆地上，由大气固态降水演变而成，通常处于运动状态的天然冰体。现代冰川主要分布在两极及一些高山地区，约占陆地面积的10%左右，共达1600多平方千米，是地球上最大的淡水资源库。在第四纪历史时期，地球上曾经经历过几次大的冰期，最大冰期时冰川覆盖面积约占陆地表面积的三分之一。冰川是一种重要的塑造地表的外部营力，冰川地貌及其沉积物成为重建地史时期冰冻圈的重要手段。而大陆冰盖的冰芯为重建过去全球环境变化提供了重要的证据，成为全球变化研究的重要而可靠的信息库之一。

（一）冰川的形成

1.冰川的形成

冰川是水的一种存在形式，是雪经过一系列变化转变而来的。要形成冰川首先要有一定数量的固态降水，其中包括雪、雾、雹等。没有足够的固态降水作“原料”，就等于“无米之炊”，根本形不成冰川。

在高山上，冰川能够发育，除了要求有一定的海拔外，还要求高山不要过于陡峭。如果山峰过于陡峭，降落的雪就会顺坡而下，形不成积雪，也就谈不上形成冰川。雪花一落到地上就会发生变化，随着外界条件和时间的变化，雪花会变成完全丧失晶体特征的圆球状雪，称之为粒雪，这种雪就是冰川的“原料”。

积雪变成粒雪后，随着时间的推移，粒雪的硬度和它们之间的紧密度不断增加，大大小小的粒雪相互挤压，紧密地镶嵌在一起，其间的孔隙不断缩小，以致消失，雪层的亮度和透明度逐渐减弱，一些空气也被封闭在里面，这样就形成了冰川冰。粒雪化和密实化过程在接近熔点的温度下，进行很快；在负低温下，进行缓慢。冰川冰最初形成时是乳白色的，经过漫长的岁月，冰川冰变得更加致密坚硬，里面的气泡也逐渐减少，慢慢地变成晶莹透彻，带有蓝色的水晶一样的老冰川冰。

2.冰川的运动

在通常状况下，冰是一种脆性物质，但随着其规模增大，冰层加厚（成为冰川），底部的压力将使冰呈现塑性，在重力作用下，向下坡方向缓慢流动，或因冰面压力从冰层较厚的地方向周围缓慢扩展，或在一定条件下沿着坡面滑动，这便是冰川的运动。运动是冰川的重要特征。冰川运动的速度是很缓慢的，每年数十米到数百米不等。冰川的各个部分运动速度是不相同的。冰川的底部或擦着谷壁的两侧速度较慢，而其高处或中心运动速度则较快。

（二）冰川类型

根据冰川形态、规模和所处的地形条件将其分为以下四类。

1.山岳冰川

山岳冰川是发育在高山上的冰川，主要分布在中纬度和低纬度的高山地区。冰川形态和所处的地形形态有很大的关系，按其发育规模及形态可分为冰斗冰川、悬冰川和山谷冰川。

冰斗冰川是分布在雪线附近或雪线以上的一种冰川，规模大的冰川可达数平方千米，小的不及1平方千米。冰斗冰川的三面围壁较陡峭，在下方有一短小的冰舌流出冰斗。冰斗后壁常发生雪崩或冰崩成为冰川补给的重要方式。

悬冰川是发育在山坡上的一种短小的冰川，或当冰斗冰川的补给量增大，冰雪向冰斗以外的山坡溢出，形成短小的冰舌悬挂在山坡上，称悬冰川。这种冰川的规模很小，面积往往不到1平方千米。悬冰川的存在取决于冰斗冰川供给的水量，随气候变化而消长。

在有利的地形、气候条件下，冰雪积累逐步增加，冰斗口外的悬冰川不断伸长达到谷中，并沿山谷流动，便形成山谷冰川。山谷冰川以雪线为界，有明显的冰雪积累和消融区，长可达数十千米，厚数百米。单独存在的一条冰川叫单式山谷冰川；由几条冰川汇合的叫复式山谷冰川。

2.大陆冰川

大陆冰川是在两极地区发育的冰川，它面积广，厚度大。冰川表面中心凸起如盾者称为冰盾；规模更大，表面起伏的大陆冰体，叫冰盖。格陵兰冰盖和南极冰盖是目前世界上最大的两个冰盖。由于大陆冰盖有很厚的冰体，在强大的压力下，从冰川中心向四周呈放射状流动。在地质历史上大陆冰川曾占据很广阔的面积，但目前只发育在两极区。

3.平顶冰川

发育在起伏和缓的高地上的冰面平坦如薄饼的冰川，称平顶冰川，又称高原冰川。是山岳冰川和大陆冰川的过渡类型。冰川的周围伸出了许多冰舌。冰川规模很大，覆盖了整个山顶或山区的大部分，又称冰帽。如冰岛的伐特纳冰帽面积达到8410平方千米。

4.山麓冰川

数条山谷冰川在山麓扩展汇合成为广阔的冰原，又叫山麓冰川。它是山岳冰川向大陆冰川转化的中间环节。最著名的山麓冰川是阿拉斯加的马拉斯平冰川，是由12条山谷冰川组成，其山麓部分面积达2682平方千米。

（三）冰川的分布

冰川自两极到赤道地区的高山都有分布，占陆地面积的10%以上。冰川的储水量占世界总水量的2.07%，占全球淡水量的77.4%，是地球表面最重要的淡水资源。如果将这些冰全部融化，将使世界洋面上升60多米。

根据《世界水量平衡和全球水资源》（1978）统计，冰川分布面积如表7-3

表 7-3　世界冰川分布

地区	冰川面积（平方千米）	储水量（立方千米）
南极大陆	13980000	21600000
格陵兰	1802400	2340000
北极岛屿	226090	83500
亚洲	109058	15630
欧洲	21415	4090
北美洲	67522	14602
南美洲	25000	6750
大洋洲（新西兰和新几内亚）	1014.5	107
非洲	22.5	3
合计	16227500	24064100

所示，由表可见，南极大陆是世界上冰川最集中的地方，不仅冰川面积宽广，而且冰盖厚度巨大，平均厚度为2000米，最厚地方达4000米；非洲则是全世界冰川最少的大陆。这是由于非洲大陆纬度低，气温高而降水少，雪线位置高所致。北极附近则无冰盖，北极位于北冰洋中，北冰洋中的冰是海水上的浮冰与大陆冰盖之冰是完全不同的。

（四）冰川的作用

1.侵蚀作用

冰川有很强的侵蚀力，大部分为机械的侵蚀作用，其侵蚀方式可分为几种：

（1）拔蚀作用：当冰床底部或冰斗后背的基岩，沿节理反复冻融而松动，若这些松动的岩石和冰川冻结在一起，则当冰川运动时就把岩块拔起带走，这称为拔蚀作用。经拔蚀作用后的冰川河谷其坡度曲线是崎岖不平的，形成了梯形的坡度剖面曲线。

（2）磨蚀作用：当冰川运动时，冻结在冰川或冰层底部的岩石碎片，因受上面冰川的压力，对冰川底床进行削磨和刻蚀，称为磨蚀作用。磨蚀作用可在基岩上形成带有擦痕的磨光面，而擦痕或刻槽是冰川作用的一种良好证据，其方向可以用来指示冰川行进的方向。

（3）冰楔作用：在岩石裂缝内所含的冰融水，经反复冻融作用，体积时涨时缩，而造成岩层破碎，成为碎块，或从两侧山坡坠落到冰川中向前移动。

（4）其他：当融冰之水进入河流，其常夹有大体积之冰块，会产生强大撞击力破坏下游的两岸岩石。

冰川侵蚀力的强弱受到下列因素的影响：

（1）冰层的厚度和重量。重厚者侵蚀力强。

（2）冰层移动的速度。速度大者侵蚀力强。

（3）携带石块的数量。携带数量越多越重者，侵蚀力越强。

（4）地面岩石之粗糙或光滑。粗糙地面较易受冰川之侵蚀。

（5）底岩的性质，底岩松软者较易受侵蚀。

（6）岩层之倾斜方向与冰川移动方向一致者，易遭侵蚀。

因侵蚀作用而造成的冰蚀地貌有：

（1）冰斗：为山谷冰川重要冰蚀地貌之一，形成于雪线附近，在平缓的山地或低洼处积雪最多，由于积雪的反复冻融，造成岩石的崩解，在重力和融雪水的共同作用下，将岩石侵蚀成半碗状或马蹄形的洼地，典型的冰斗于是形成。冰斗的三面是陡峭岩壁，向下坡有一口，若冰川消退后，洼地水成湖，即冰斗湖。

（2）刃脊、角峰、冰哑：若冰斗因为挖蚀和冻裂的侵蚀作用而不断地扩大，冰斗壁后退，相邻冰斗间的山脊逐渐被削薄而形成刀刃状，称为刃脊。而几个冰斗所交汇的山峰，形状很尖，则称为角峰。在刃脊之间的低下鞍部处，则为冰哑。

（3）削断山嘴、U型谷、石洼地：当山谷冰川自高地向低处移动，山嘴被削平成三角形，称为削断山嘴。又因为冰川谷的横剖面形状如U字形，故称U型谷。U型谷两侧有明显的谷肩，谷肩以下的谷壁较平直，底部宽而平，若是在冰川谷的底部，因冰川的挖蚀，而造成向下低凹的水坑、石地。

（4）峡湾：在高纬度地区，冰川常能伸入海洋，在岸边侵蚀成一些很深的U型谷，当冰退以后，海水可以沿谷进入很远，原来的冰谷便成峡湾。

（5）悬谷：悬谷的形成是来自于冰川侵蚀力的差异，主冰川因冰层厚、下蚀力强，故U型谷较深；而支冰川因为冰层薄、下蚀力弱，故U型谷较浅。因为在支冰川和主冰川的交汇之处，常有冰川底高低的悬殊，当支冰川的冰进入主冰川时必为悬挂下坠成瀑布状，称之为悬谷。

（6）羊背石：为冰川基床上的一种侵蚀地形，是由基岩组成的小丘，常成群分布，远望如匍匐的羊群，故称为羊背石。其平面为椭圆形，长轴方向与冰流动方向一致，向冰川上游方向的一坡由于冰川的磨蚀作用，坡面较平，坡度较缓，并有许多擦痕；而在另一侧，受冰川的挖蚀作用，坡面坎坷不平，坡度也较陡。羊背石的形成，是由于岩层是软硬相间的排列，当侵蚀、风化的作用查行时，软的岩层会被侵蚀的较多较深；而硬的岩石抵抗侵蚀、风化的能力较强，所以在侵蚀、风化后，硬的岩层会较软的岩层高，形成隆起的椭圆地形，一面受磨蚀、一面受挖蚀。

（7）冰川磨光面、冰川擦痕：在羊背石上或U型谷谷壁及在大漂砾上，常因冰川的作用而形成磨光面，当冰川搬运物是砂和粉砂时，在较致密的岩石上，磨光面更为发达；若冰川搬运物为砾石，则在谷壁上刻蚀成条痕或刻槽，称之为冰川擦痕，擦痕的一端粗，另一端细，粗的一端指向上游。

2.搬运作用

由于冰川的侵运作用所产生的大量松散岩屑和从山坡崩落的碎屑，会进入冰川系统，随冰川一起运动，这些被搬运的岩屑称为冰碛物，依据其在冰川内的不同位置，可分为不同的搬运类型：

（1）表碛：出露在冰川表面的冰碛物。

（2）内碛：夹在冰川内的冰碛物。

（3）底碛：堆积在冰川谷底的冰碛物。

（4）侧碛：在冰川两侧堆积的冰碛物。

（5）中碛：两条冰川汇合后，其相邻的侧碛即合而为一，位于汇合后冰川的中间称为中碛。

（6）终碛（尾碛）：随冰川前进，而在冰川末端围绕的冰碛物，称为终碛。

（7）后退碛：由于冰川在后退的过程中，会发生局部的短暂停留，而每一次的停留就会造成一个后退碛。

（8）漂石：冰川的搬运作用，不仅能将冰碛物搬到很远的地方，也能将巨大的岩石搬到很高的部分，这些被搬运的巨大岩块即称为漂石，其岩性和该地附近基岩完全不同。冰川的搬运能力很强，但相对地，冰川的淘选能力很差。

3. 堆积作用

冰川携带的砂石，常沿途抛出，故在冰川消融以后，不同形式搬运的物质，堆积下来便形成相应的各种冰碛物。所谓冰碛物，是指由冰川直接造成的不成层冰积物。而冰积物，就是指直接由冰川沉积的物质，或由于冰水作用的沉积物，及因为冰川作用而沉积在河流湖泊海洋中的物质。冰积物可分为不成层的冰积物和成层的冰积物两者：

（1）不成层的冰积物：此种冰积物是由冰川后退时所遗留的石砾所造成，因为冰融化而遗留于地面的堆积物大小不一，石块为少带有稜角、表面为被磨光或带有擦痕，堆积后为不现层理，此种杂乱无层理的冰积物，常称为冰砾土而由冰碛物所形成的冰碛地形有：

冰碛丘陵（基碛丘陵）：冰川消融后，原有的表碛、内碛、中碛都沉到冰川谷底，和底碛合称为基碛，这些冰碛物受到冰川谷底地形的影响，堆积成坡状起伏的丘陵，称为冰碛丘陵。大陆冰川区的冰碛丘陵规模较大，而山谷冰川所形成的冰碛丘陵，规模要小的多。

侧碛堤：是由侧碛和表碛在冰川后退处共同堆积而成的，位于冰川谷两侧，成堤状向冰川上游可一直延伸至雪线附近，而向下游常可和终碛堤相连。

终碛堤：终碛堤所反映出的是冰川后退时的暂时停顿阶段，若冰川的补给和消融处于平衡状态，则冰川的末端可略作停留于某一位置，这时由冰川搬运来的物质，将可在冰川尾端堆积成弧状的堤，称为终碛堤。大陆冰川的终碛堤高度较小，长度可达几百千米，弧形曲率较小；反之，山谷冰川的终碛堤高度可达数百米，长度较小，弧形曲率较大。

鼓丘：鼓丘是由冰积物所组成的一种丘陵，约成椭圆形，长轴与水流方向一致，迎冰面是陡坡，背冰面是一缓坡，其纵剖面为不对称的上凸形。一般认为鼓丘是由于冰川的搬运能力减弱，底碛遇到阻碍所堆积而成的。其主要分布在大陆冰川终碛堤以内的几千米到几十千米，常成群出现，造成鼓丘田；山谷冰川的鼓丘数量较少。

（2）成层的冰积物：此为冰川与融冰之水共同沉积的结果，冰川所携带的物质受到融化后的冰水冲刷及淘洗，会依照颗粒的大小，堆积成层，形成冰水堆积物，而在冰川边缘由冰水堆积物所组成的各种地貌，称为冰水堆积地貌。有下列几种类型：

冰水沉积、冰水扇、外冲平原：在冰川末端的冰融水所携带的大量砂砾，堆积在冰川前面的山谷或平原中，就形成冰水沉积；若是在大陆冰川的末端，这类的沉积物可绵延数千米，在终碛堤的外围堆积成扇形地，就叫冰水扇；数个冰水扇相连，就形成广大的冰水冲积平原，又名外冲平原。在这些地形上，沉积物呈缓坡倾向下游，颗粒度亦向下游变小。

冰水湖、季候泥：冰水湖是由冰融水形成的，因为冰川后退时，前面的冰积物会阻塞冰川的通路，常可以积水成湖。冰水湖有明显的季节变化，夏季的冰融水较多，大量物质进入湖泊，一些较粗的颗粒就快速沉积，而细的颗粒还悬浮在水中，颜色较淡；而冬季的冰融水减少，一些长期悬浮的细颗粒黏土才开始沉积，颜色较深。这样一来，在湖泊中就造成了一粗一细很容易辨认的两层沉积物，叫作季候泥。

冰砾埠：冰砾埠为有层理并经分选的细粉砂所组成的，形状为圆形或不规则的小丘。冰砾埠上部通常有一层冰碛层，冰砾埠是由于冰面上的小湖、小河或停滞冰川的穴隙中的沉积物，在冰川消融后沉落到底床堆积而成，其与鼓丘不同之处，在于冰埠的形状很不规则，且为成层状。在大陆冰川和山谷冰川都有发育冰砾埠。

冰砾埠阶地：在冰川两侧，由于岩壁和侧碛吸热较多，且冰川两侧的冰面要比中间来的低，所以冰融水就汇集在这，形成冰侧河流，并带来冰水物质，等到冰水消退后，这些物质就堆积在冰川谷两侧，形成冰砾埠阶地，它只发育在山谷冰川中。

锅穴（冰穴）：冰水平原上常有一种圆形洼地，称为锅穴。其形成是由于冰川耗损时，有些残冰被孤立而埋入冰水沉积物中，等到冰融化后引起塌陷，而造成锅穴。

蛇形丘：蛇形丘是一种狭长曲折的地形，呈蛇形弯曲，两壁陡直，丘顶狭窄，其延伸的方向大致与冰川的流向一致，主要分布在大陆冰川区。蛇形丘的成因主要为：

①在冰川消融时，冰融水沿冰川裂隙渗入冰川下，在冰川底部流动，形成冰下隧道，待冰完全融化后，隧道中的砂砾就沉积而形成蛇形丘。

②在夏季，冰融水增多，冰积物在冰川末端形成冰水三角洲，等到下一个夏季，冰川再次后退，再形成一个冰水三角洲，如此反复不断，一个个冰水三角洲连起来，便形成串珠状的蛇形丘了。

（五）冰川地貌

1.雪线：一个地方的雪线位置不是固定不变的。季节变化就能引起雪线的升降，这种临时现象叫作季节雪线。只有夏天雪线位置比较稳定，每年都回复到比较固定的高度，由于这个缘故，测定雪线高度都在夏天最热月进行。就世界范围来说，雪线是由赤道向两极降低的。珠穆朗玛峰北坡雪线高度在6000米左右，而在南北极，雪线就降低在海平面上。雪线是冰川学上一个重要的标志，它控制着冰川的发育和分布。只有山体高度超过该地的雪线，每年才会有多余的雪积累起来。年深日久，才能成为永久积雪和冰川发育的地区。

2.粒雪盆：雪线以上的区域，从天空降落的雪和从山坡上滑下的雪，容易在地形低洼的地方聚集起来。由于低洼的地形一般都是状如盆地，所以在冰川学上称其为粒雪盆。粒雪盆是冰川的摇篮。聚积在粒雪盆里的雪，究竟是怎样变成冰川冰的呢?雪花经过一系列变质作用，逐渐变成颗粒状的粒雪。粒雪之间有很多气道，这些气道彼此相通，因此粒雪层仿佛海绵似的疏松。有些地方的冰川粒雪盆里的粒雪很厚，底部的粒雪在上层的重压下发生缓慢的沉降压实和重结晶作用，粒雪相互联结合并，减少空隙。同时表面的融水下渗，部分冻结起来，使粒雪的气道逐渐封闭。被包围在冰中的空气就此成为气泡。这种冰由于含气泡较多，颜色发白，容重约为0.82～0.84克/立方厘米，也有人把它专门叫作粒雪冰。粒雪冰进一步受压，排出气泡，就变成浅蓝色的冰川冰。巨厚的冰川冰在本身压力和重力的联合作用下发生塑性流动，越过粒雪盆出口，蜿蜒而下，形成长短不一的冰舌。长大的冰舌可以延伸到山谷低处以至谷口外。发育成熟的冰川一般都有粒雪盆和冰舌，雪线以上的粒雪盆是冰川的积累区，雪线以下的冰舌是冰川的消融区。二者好像天平的两端，共同控制着冰川的物质平衡，决定着冰川的活动。雪线正好相当于天平的支点。

3.冰斗：在河谷上源接近山顶和分水岭的地方，总是形成一个集水漏斗的地形。当气候变冷开始发育冰川的时候，这种靠近山顶的集水漏斗，首先为冰雪所占据。冰雪在集水漏斗中积累到一定程度，发生流动而成冰川。冰川对谷底及其边缘有巨大的刨蚀作用，它像木匠的刨子和锉刀那样不断地工作，原来的集水漏斗逐渐被刨蚀成三面环山、宛如一张藤椅似的盆地形伏。这种地形叫作冰斗。冰斗大多发育在雪线附近的高程上。

一般山谷冰川，往往爬上冰坎，才能看到白雪茫茫的粒雪盆。当冰川消失之后，这样的盆底就是一个冰斗湖泊。高山上常常可以见到冰斗湖，它们有规则地分布在某个高度上，代表着古冰川时代的雪线高度。

4.冰碛：水冻结成冰，体积要增加9%左右。当融化的冰雪水在晚上重新在岩石裂缝里冻结时，对周围岩体施展着强大的侧压力，压力最大可达2吨/平方厘米。在这样强大的冻胀力面前不少岩石都破裂了。寒冻风化作用不仅在山坡裸露的地方进行，在冰川底床也能进行。这是因为冰川底床有暂时的压力融水，融水渗入谷底岩石裂缝里，冻结时也产生强大的冻胀力。寒冻风化作用不停地在山坡上和冰川底床制造松散的岩块碎屑，山坡上的碎屑在重力作用下滚落到冰川上，底床里的碎屑更容易被冰川挟带着一起流动。冰川挟带的碎石岩块通称为冰碛。冰川表面的岩石碎块称为表碛，冰川内部的叫内碛，冰川底部的叫底碛，冰川两侧的是侧碛。侧碛靠近山坡，碎石岩块的来源丰富，因而侧碛又高又大，像左右二道夹峙着冰川的巍巍城墙。到冰舌前端，二条侧碛大多交汇在一起，连成环形的终碛。终碛像高大的城堡，拱卫着冰川，攀登冰川的人，必须首先登临终碛，才能接近冰川。我国西部不少终碛高达二百余米。并不是所有冰川都有终碛的，前进迅速和后退迅速的冰川都没有终碛，只有冰川在一个地方长期停顿时，才能造成高大的终碛。两条冰川汇合时，相邻的两条侧碛合为一条中碛。树枝状山谷冰川表面中碛很多，整个冰川呈现黑白相间的条带状。冰碛是冰川搬运和堆积的主要物质，也是冰川改变地球面貌的证据之一。

5.冰川年轮：粒雪盆中的粒雪和冰层大致保持平整，层层叠置。每一年积累下来的冰层，在冰川学上叫作年层。冬季积雪经夏季消融后，形成一个消融面，消融面上污化物较多，所以也叫作污化面。污化面是划分年层的天然标志。有了年层，冰层就能像树轮一样被测出年龄来。由于冰川在形成的时候封存了一些空气和尘埃，冰川学家能够从中提取气泡和尘埃分析当时的气候。

6.冰面湖：冰面湖的形成主要有三种形式。一种是冰川上的冰下河道融蚀冰川，产生巨大的洞穴或隧道，洞穴顶部塌陷，便形成较深较大的长条形湖泊。一种是冰川低陷处积水，在夏季产生强烈的融蚀作用而形成的。另外，冰川周围嶙峋的角峰，经常不断地崩落下岩屑碎块。如果较大体积的岩块覆盖在冰川上，引起差别消融，就能生长成大小不等的冰蘑菇。冰杯形成速度很快，在冰面上形成大大小小的积水潭，在夏天消融期间，冰面积水温度较高，有时竟达到5摄氏度。因此积水的融蚀作用强烈，能把蜂窝状的冰杯逐渐融合一起，形成宽浅的冰面湖泊。冰面湖给冰川景色增添了更为绚丽多彩的风光。夏天，每当朝日初升或夕阳西下的时候，碧瓢瓢的湖面上霞光万道，灿烂夺目。

7.冰洞：夏季，冰川经常处于消融状态中。冰川的消融分为冰下消融、冰内消融和冰面消融三种。地壳经常不断向冰川底部输送热量，从而引起冰下消融。不过冰下消融对于巨大的冰川体来说，是微不足道的。当冰面融水沿着冰川裂缝流入冰川内部，就会产生冰内消融。冰内消融的结果，孕育出许多独特的冰川岩溶现象，如冰漏斗、冰井、冰隧道和冰洞等（我们知道云南的石林是由喀斯特地貌形成的，由冰内消融引起的冰川地貌很像喀斯特地貌，冰川学家称这种冰川形态为喀斯特冰川）。

8.冰钟乳：冰川上的融水，在流动过程中，往往形成树枝状的小河网，时而曲折蜿流，时而潜入冰内。在一些融水多、面积大的冰川上，冰内河流特别发育。当冰内河流从冰舌末端流出时，往往冲蚀成幽深的冰洞。洞口好像一个或低或高的古城拱门。从冰洞里流出来的水，因为带有悬浮的泥距沙，像乳汁一样浊白，冰川学上叫冰川乳。当冰川断流的时候，走进冰洞，犹如进入一个水晶宫殿。有些冰川，通过冰洞里的隧道，一直可以走到冰川底部去。冰洞有单式的，有树枝状的，洞内有洞。洞中冰柱林立，冰钟乳悬连，洞壁的花纹十分美丽。有的冰洞出口高悬在冰崖上，形成十分壮观的冰水瀑布。

9.冰塔：冰面差别消融产生许多壮丽的自然景象，如冰桥、冰芽、冰墙和冰塔等。尤其是冰塔林，吸引了不少人的注意。珠穆朗玛峰和希夏邦马峰地区的很多大冰川上，发育了世界上罕见的冰塔林。一座又一座数十米高的冰塔，仿佛用汉白玉雕塑出来似的，它们朝天耸立在冰川，千姿万态。有的像西安的大雁塔、小雁塔的塔尖，有的像埃及尼罗河畔的金字塔，有的像僵卧的骆驼，有的又像伸向苍穹的利剑。

10.冰蘑菇：冰川周围嶙峋的角峰，经常不断地崩落下岩屑碎块。如果崩落的岩块较小，在阳光下受热增温就会促进融化，结果岩块陷入冰中，形成圆筒状的冰杯，进而形成冰面湖。如果较大体积的岩块覆盖在冰川上，引起差别消融，当周围的冰全部融化了，而大石块因为遮住了太阳辐射，其下的冰没有融化，就能生长成大小不等的冰蘑菇。

（六）冰川对环境的影响

冰川对自然环境的影响是多方面的。

1.规模较小的冰川只对附近地区的气候发生影响，巨大的冰川则对广大的地区甚至全球气候发生影响。冰盖的扩大将大大地增强地球表面的反射率，从而使地球进一步变冷，并影响气团性质和环流特征。

2.冰川在全球水分循环中起着重要作用。一方面，它可以存贮从海面通过蒸发作用转移过来的水分，另一方面它又可消融成水通过河川径流向海洋输送水分。据计算，目前全球冰川年消融量近乎于全球河流流量的3倍。冰川消融量的增减直接影响到全球海平面的变化。由于冰川表面几乎不存在蒸腾，蒸发和渗透作用也非常少，到达冰川表面的降水几乎全部可以转化为地表径流，而在冰川从累积区向消融区运动的过程中，固态的冰可以转化为水，但低温湿润的年份其消融受到限制，而高温干旱的年份，消融量将会增加。这样冰川便成为地表径流有力的调节者。

3.当大陆冰盖向海运动时，一部分冰川冰便会从冰川主体分离进入到海洋之中形成冰山，冰山中的冰与海水结成的冰是不同的，冰山之冰是淡水而成，而海冰则为海水结成之冰。冰山之冰会成为航海的障碍，但另一方面冰山也成为海洋中可加以利用的重要的淡水资源。

4.冰川运动将显著地改变其所经过的地球表面形态，形成独特的冰川地貌。但冰川的推进也将会毁灭它所覆盖的地表的植被，迫使动物迁移，土壤发育过程也将中断。自然地带相应向低纬度和低海拔地区移动。地球历史上大规模的冰川运动曾导致生物界的巨大灾难。冰川退缩时，植被、土壤将逐渐重新发育，自然地带相应向高纬度和高海拔地区移动。

任务三　海洋中的水

海洋是地球上最广阔的水体的总称，海洋的中心部分称作洋，边缘部分称作海，彼此沟通组成统一的水体。地球表面被各大陆地分隔为彼此相通的广大水域称为海洋，其总面积约为3.6亿平方千米，约占地球表面积的71%，海洋中含有十三亿五千多万立方千米的水，约占地球上总水量的97%，而可用于人类饮用只占2%。地球四个主要的大洋为太平洋、大西洋、印度洋、北冰洋，大部分以陆地和海底地形线为界。目前为止，人类已探索的海底只有5%，还有95%大海的海底是未知的。

（一）海水温度

因为地球海洋面积（约为3.6亿平方千米）远远大于陆地面积，故有人将地球称为一个“大水球”。太平洋、大西洋和印度洋分别占地球海洋总面积的46%、24%和20%。重要的边缘海多分布于北半球，它们部分为大陆或岛屿包围。最大的是北冰洋及其近海、欧洲的地中海、加勒比海及其附近水域、白令海、鄂霍次克海、黄海、东海和日本海。海水温度是反映海水冷热状况的一个物理量。世界海洋的水温变化一般在-2～30摄氏度之间，其中年平均水温超过20摄氏度的区域占整个海洋面积的一半以上。海水温度有日、月、年、多年等周期性变化和不规则的变化，它主要取决于海洋热收支状况及其时间变化。一般来说，影响海洋表层水温的因素有潮汐、太阳辐射、沿岸地形、气象、洋流等。经直接观测表明：海水温度日变化很小，变化水深范围从0～30米处，而年变化可到达水深350米左右处。在水深350米左右处，有一个恒温层。但随深度增加，水温逐渐下降（每深1000米，下降1～2摄氏度），在水深3000～4000米处，温度达到2～1摄氏度。海水温度是海洋水文状况中最重要的因子之一，常作为研究水团性质，描述水团运动的基本指标。研究海水温度的时间分布及变化规律，不仅是海洋学的重要内容，而且对气象学、航海学、捕捞业和水声等学科也很重要。

（二）地表海陆分布

地球表面总面积，分属于陆地和海洋。如以大地水准面为基准，陆地面积为，占地表总面积的29.2%；海洋面积为，占地表总面积的70.8%。海陆面积之比为2.5：1，可见地表大部分为海水所覆盖。

地球上的海洋是相互连通的，构成统一的世界大洋；而陆地是相互分离的，故没有统一的世界大陆。在地球表面，是海洋包围、分割所有的陆地，而不是陆地分割海洋。

地表海陆分布极不均衡。在北半球，陆地占其总面积的67.5%，在南半球，陆地占总面积的32.5%。北半球海洋和陆地的比例分别为60.7%和39.3%，南半球海陆比例分别是80.9%和19.1%。如果以经度0°，北纬38°的一点和经度180°，南纬47°的一点为两极，把地球分为两个半球，海陆面积的对比达到最大程度，两者分别称“陆半球”和“水半球”（见图7-5）。陆半球的中心位于西班牙东南沿海，陆地约占47%，海洋占53%；这个半球集中了全球陆地的81%，是陆地在一个半球内最大的集中。水半球的中心位于新西兰的东北沿海，海洋占89%，陆地占11%；这个半球集中了全球海洋的63%，是海洋在一个半球的最大集中。这就是它们分别称为陆半球和水半球的原因。必须说明，即使在陆半球，海洋面积仍然大于陆地面积。陆半球的特点，不在于它的陆地面积大于海洋（没有一个半球是这样），而在于它的陆地面积超过任何一个半球；水半球的特点，也不在于它的海洋面积大于陆地（任何一个半球都是如此），而在于它的海洋面积比任何一个半球都大。

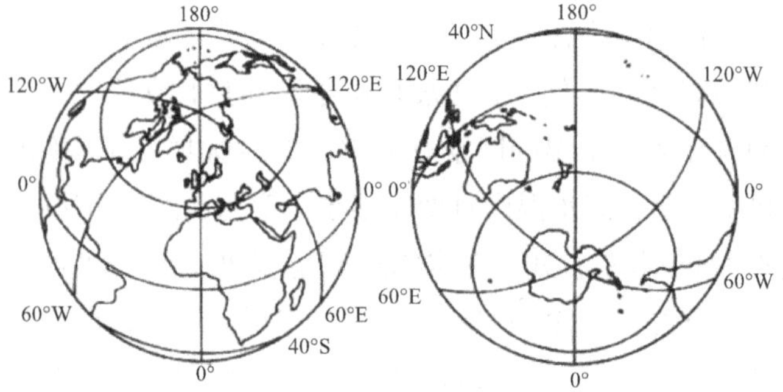

图 7-5　陆半球（a）和水半球（b）

地球表面是崎岖不平的，我们可以用海陆起伏曲线（见图7-6）表示陆地各高度带和海洋各深度带在地表的分布面积和所占比例。地球上的海洋，不仅面积超过陆地，而且它的深度也超过了陆地的高度。深度大于3000米的海洋约占海洋总面积的75%；而高度不足1000米的陆地占其总面积的71%。海洋的平均深度达3795米，而陆地的平均高度却只有875米，两者形成强烈对比（4.26：1）。如果将高低起伏的地表削平，则地球表面将被约2646米厚的海水均匀覆盖。

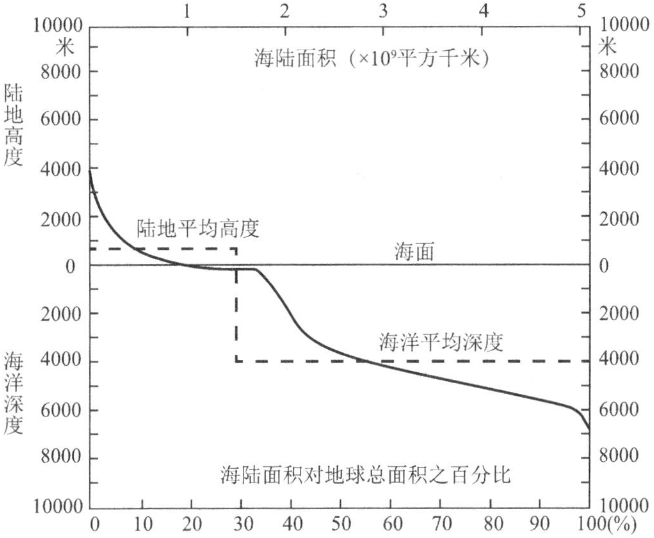

图 7-6　海陆起伏曲线（据金祖孟，地球概论，高等教育出版社，1983）

（三）海水运动

海水水体以及海洋中的各种组成物质，构成了对人类生存和发展有着重要意义的海洋环境。海水运动是海洋环境的核心内容，主要由两部分构成：海水运动形式；洋流的成因。

1.海水运动形式

（1）波浪

波浪海水受海风的作用和气压变化等影响，促使它离开原来的平衡位置，而发生向上、向下、向前和向后方向运动。这就形成了海上的波浪。波浪是一种有规律的周期性的起伏运动。

当波浪涌上岸边时，由于海水深度愈来愈浅，下层水的上下运动受到了阻碍，受物体惯性的作用，海水的波浪一浪叠一浪，越涌越多，一浪高过一浪。与此同时，随着水深的变浅，下层水的运动，所受阻力越来越大，以至于到最后，它的运动速度慢于上层的运动速度，受惯性作用，波浪最高处向前倾倒，摔到海滩上，成为飞溅的浪花。

（2）潮汐

因月球距地球比太阳近，月球与太阳引潮力之比为11：5，对海洋而言，月亮潮比太阳潮显著。地潮、海潮和气潮的原动力都是日、月对地球各处引力不同而引起的，三者之间互有影响。大洋底部地壳的弹性-塑性潮汐形变，会引起相应的海潮，即对海潮来说，存在着地潮效应的影响；而海潮引起的海水质量的迁移，改变着地壳所承受的负载，使地壳发生可复的变曲。气潮在海潮之上，它作用于海面上引起其附加的振动，使海潮的变化更趋复杂。作为完整的潮汐科学，其研究对象应将地潮、海潮和气潮作为一个统一的整体，但由于海潮现象十分明显，且与人们的生活、经济活动、交通运输等关系密切，因而习惯上将潮汐一词狭义理解为海洋潮汐。由于日、月引潮力的作用，使地球的岩石圈、水圈和大气圈中分别产生的周期性的运动和变化的总称。固体地球在日、月引潮力作用下引起的弹性-塑性形变，称固体潮汐，简称固体潮或地潮；海水在日、月引潮力作用下引起的海面周期性的升降、涨落与进退，称海洋潮汐，简称海潮；大气各要素（如气压场、大气风场、地球磁场等）受引潮力的作用而产生的周期性变化（如8、12、24小时）称大气潮汐，简称气潮。其中由太阳引起的大气潮汐称太阳潮，由月球引起的称太阴潮。

（3）洋流

洋流又称海流，是海洋中除了由引潮力引起的潮汐运动外，海水沿一定途径的大规模流动。引起海流运动的因素可以是风，也可以是热盐效应造成的海水密度分布的不均匀性。前者表现为作用于海面的风应力，后者表现为海水中的水平压强梯度力。加上地转偏向力的作用，便造成海水既有水平流动，又有垂直流动。由于海岸和海底的阻挡和摩擦作用，海流在近海岸和接近海底处的表现，和在开阔海洋上有很大的差别。

大洋上的结冰、融冰、降水和蒸发等热盐效应，造成海水密度在大范围海面分布不均匀，可使极地和高纬度某些海域表层生成高密度的海水，而下沉到深层和底层。在水平压强梯度力的作用下，作水平方向的流动，并可通过中层水底部向上再流到表层，这就是大洋的热盐环流。

大洋表层生成的风漂流，构成大洋表层的风生环流。其中，位于低纬度和中纬度处的北赤道流和南赤道流，在大洋的西边界处受海岸的阻挡，其主流便分别转而向北和向南流动，由于科里奥利参量随纬度的变化（β-效应）和水平湍流摩擦力的作用，形成流辐变窄、流速加大的大洋西向强化流。每年由赤道地区传输到地球的高纬地带的热量中，有一半是大洋西边界西向强化流传输的。进入大洋上层的热盐环流，在北半球由于和大洋西向强化流的方向相同，使流速增大；但在南半球则因方向相反，流速减缓，故大洋环流西向强化现象不太显著。

大洋中深度小于二三百米的表层为风漂流层，行星风系作用在海面的风应力和水平湍流应力的合力，与地转偏向力平衡后，便生成风漂流。行星风系风力的大小和方向，都随纬度变化，导致海面海水的辐合和辐散。一方面，它使海水密度重新分布而出现水平压强梯度力，当它和地转偏向力平衡时，在相当厚的水平层中形成水平方向的地转流；另一方面，在赤道地区的风漂流层底部，海水从次表层水中向上流动，或下降而流入次表层水中，形成了赤道地区的升降流。

大洋表层风生环流在南半球的中纬度和高纬度地带，由于没有大陆海岸阻挡，形成了一支环绕南极大陆连续流动的南极绕极流。

在大洋的东部和近岸海域，当风力长期地、几乎沿海岸平行地均匀吹刮时，一方面生成风漂流，发生海水的水平辐合和辐散，而出现上升流和下降流；另一方面因海水在近岸处积聚和流失而造成海面倾斜，发生水平压强梯度力而产生沿岸流，就形成沿岸的升降流。

大洋西向强化流在北半球向北（南半球向南）流动，而后折向东流，至某特定地区时，流动开始不稳定，流轴在其平均位置附近便发生波状的弯曲，出现海流弯曲（或蛇行）现象，最后形成环状流而脱离母体，生成了中央分别为来自大陆架的冷水的冷流环和来自海洋内部的暖水的暖流环。这是一类具有中等尺度的中尺度涡。此外，在大洋的其他部分，由于海流的不稳定，也能形成其他种类的中尺度涡。这些中尺度涡集中了海洋中很大一部分能量，形成了叠加在大洋气候式平均环流场之上的各种天气式涡旋，使大洋环流更加复杂。

在海洋的大陆架范围或浅海处，由于海岸和海底摩擦显著，加上潮流特别强等因素，便形成颇为复杂的大陆架环流、浅内海环流、海峡海流等浅海海流。

海流按其水温低于或高于所流经的海域的水温，可分为寒流和暖流两种，前者来自水温低处，后者来自水温高处。表层海流的水平流速从几厘米/秒到300厘米/秒，深处的水平流速则在10厘米/秒以下。垂直流速很小，从几厘米/天到几十厘米/时。海流以流去的方向作为流向，恰和风向的定义相反。

（4）重要意义

海流对海洋中多种物理过程、化学过程、生物过程和地质过程，以及海洋上空的气候和天气的形成及变化，都有影响和制约的作用，故了解和掌握海流的规律、大尺度海-气相互作用和长时期的气候变化，对渔业、航运、排污和军事等都有重要意义。

2.洋流成因

按照洋流形成原因，可以分为三类：

（1）风海流

大气运动和近地面风带，是海洋水体运动的主要动力。盛行风吹拂海面，推动海洋水随风漂流，并使上层海水带动下层海水，形成规模很大的洋流，叫作风海流。例如北赤道暖流在东北信风作用下，海水由东北向西南方面流动，在作水平运动过程中受地转偏向力影响，最终偏转成东向西流动的赤道暖流。

（2）密度流

由于各海域海水的温度、盐度不同，引起海水密度的差异，导致海水的流动，叫作密度流。

密度流不只分布在直布罗陀海峡一处，再比如，（曼德海峡）红海与印度洋，红海与地中海，波罗的海与北海，地中海与黑海。印度洋表层海水流向红海，红海底部海水流向印度洋。

密度流分布规律：在封闭海区与开阔海洋之间的海峡，密度流的分布一般都很明显。

（3）补偿流

由风力和密度差异所形成的洋流，使海水流出的海区海水减少，由于海水连续性要求，补偿流失，相邻海区的海水便会流来补充，这样形成的洋流叫作补偿流。补偿流形成与风海流、密度流紧密联系。可分水平补偿流，垂直补偿流。后者亦称升降流，包括上升流和下降流。

垂直补偿流主要发生在沿岸地区，在海岸附近，海水受风力作用发生运动，受离岸风或迎岸风的影响。

受离岸风影响。由于离岸风吹送，表层海水离岸而去，导致邻近海区海水流速来补偿海水缺失，下层海水也上升到海面，来补偿流去的海水，形成上升流（低纬信风带大陆两岸）寒流。当表层海水遇到海岸或岛屿阻挡时，海水聚集在水平方向上发生分流，在垂直方向上产生下降流。

影响：上升流能把底层的营养盐类物质带到表层，使浮游生物大量生长，为鱼类提供饵料，因此，上升流海区往往形成重要的渔场，比如秘鲁渔场得益于秘鲁寒流（上升补偿流）。

世界海洋上还有其他海区也分布着上升补偿流，如加利福尼亚寒流、本格拉寒流、加那利寒流。

（4）其他

洋流的形成除了受上面这些因素影响外，还受到陆地形状和地转偏向力影响，陆地形状和地转偏向力会迫使洋流在运动过程中流动方向发生改变。洋流形成是受多种因素综合作用的结果，这使洋流的分布很复杂，但也是有一定规律的。

（四）海洋的剥蚀作用

海洋的剥蚀作用是指由海水的机械动能、溶解作用和海洋生物活动等因素引起海岸及海底物质的破坏作用，简称海蚀作用。海蚀作用按方式有机械的、化学的和生物的三种。机械海蚀作用主要是由海水运动产生动能而引起的（如波浪、潮汐等），破坏的方式有冲蚀和磨蚀；化学海蚀作用是海水对岩石的溶解或腐蚀作用；生物海蚀作用既有机械的也有化学的。机械、化学和生物海蚀作用这三种方式往往是共同作用的，但以机械方式占主要。因海岸地区水浅，受波浪和潮汐作用影响大，因而该区域是海蚀作用最强烈的地带。

由坚硬的、未经移动的岩石组成的海岸称基岩海岸。该海岸的特点是海底的坡度较陡，海岸线凹凸不平，海水深度由海洋至海岸方向迅速变浅，海底常有礁石。当波浪运动至浅滩或礁石附近时，因海底阻力大，使水面波峰超前、涌向岸边并拍击海岸，形成强大的拍岸浪。在基岩海岸的海水面附近，由于海水拍岸浪的机械冲击和海水所携带沙石的磨蚀作用以及化学的溶蚀作用，该部位的岩石不断遭受破碎，被掏空，形成向陆地方向楔入的凹槽，称为海蚀凹槽，有时也可形成海蚀穴（洞）。随着海蚀作用的进一步进行，海蚀凹槽不断扩大，其上的岩石因支撑力减小而不稳定发生重力崩塌，形成陡峭的崖壁，称海蚀崖。海蚀崖形成后，其基部岩石还继续受海水的剥蚀，又形成新的海蚀凹槽海蚀崖。如此反复，海蚀崖不断向陆地方向节节后退，在海岸带形成一个向上微凸并向海洋方向微倾斜的平台，称波切台。而被破坏下来的碎屑物质搬运至水面以下沉积下来形成波筑台。

在海岸线向陆地后退和波切台扩展的过程中，由于组成基岩海岸岩性的差异或海岬和海湾的相间出现、地质构造的影响以及海蚀作用方向的不同等原因，海蚀作用在海岸带上可形成海蚀穹、海蚀柱、海蚀桥等地形。

基岩海岸通常都是由海岬和海湾组成的，在海岬处由于波浪能量集中，海蚀作用强，而不断被破坏，海岸线向陆地方向后退；在海湾处，波浪能量较小，剥蚀作用微弱，而以沉积作用为主。这样，海岬被剥蚀而后退，而海湾却由于沉积作用，海岸线不断向海方向推进，其结果是海岸线向平直方向发展，坡度变得平缓。

由松散沉积物（沙、砾）组成的海岸称沙质海岸。沙质海岸疏松、坡度缓，波浪从海至岸边波能逐渐消失，所以剥蚀作用较弱，只能对海岸地形进行一定的改造。

项目八　风化作用与荒漠、黄土

地球自形成以来，无时不在变化之中，地球的面貌也随之不断改变。今天地球的面貌是地球长期演变的结果，且仍以人们通常所不易察觉的方式和速度在变化着。引起这种变化的动因就是地质作用。地质作用就是形成和改变地球的物质组成、外部形态特征和内部构造的各种自然作用。根据地质作用能量的主要来源和作用的主要部位，可分为内动力地质作用和外动力地质作用，并分出许多次一级的作用。

一、内力地质作用

内力地质作用是由于地球的内热、地球自转与重力等能量所激发，并主要发生在地球内部的作用。内力地质作用因其作用方式不同可分为四种：

构造运动：地壳的机械运动。按其运动方向可分为水平运动与垂直运动。

岩浆作用：岩浆的发生、运动及其固结成岩的作用。按其作用发生的部位分为侵入作用和喷出作用。

变质作用：岩石在基本上为固态下，由于温度、压力和化学活动性流体的作用而发生成分、结构及构造变化。

地震：大地的快速颤动。

二、外力地质作用

外力地质作用是由大气、水和生物在太阳辐射、重力以及日月引力等能源的作用下所进行的各种作用，它们都发生在地球的表层。分为以下五种：

风化作用：地表岩石在外力作用下发生机械崩解或化学分解，变为松散的碎块、碎屑直至土壤，并残留原地；

剥蚀作用：岩石在外力作用下被破坏，破坏的生成物同时被带走；

搬运作用：外力将风化剥蚀的产物搬运到他处；

沉积作用：搬运物在适宜的地方发生堆积；

固结成岩作用：松散沉积物转变为坚硬的岩石。

任务一　风化作用

一、简介

风化作用是指地表或接近地表的坚硬岩石、矿物与大气、水及生物接触过程中产生物理、化学变化而在原地形成松散堆积物的全过程 。根据风化作用的因素和性质可将其分为三种类型：物理风化作用、化学风化作用、生物风化作用（见图8-1）。

图 8-1　风化作用

岩石是热的不良导体，在温度的变化下，表层与内部受热不均，产生膨胀与收缩，长期作用结果使岩石发生崩解破碎。在气温的日变化和年变化都较突出的地区，岩石中的水分不断冻融交替，冰冻时体积膨胀，好像一把把楔子插入岩石体内直到把岩石劈开、崩碎。以上两种作用属物理风化作用。

岩石中的矿物成分在氧、二氧化碳以及水的作用下，常常发生化学分解作用，产生新的物质。这些物质有的被水溶解，随水流失，有的属不溶解物质残留在原地。这种改变原有化学成分的作用称化学风化作用。

此外植物根系的生长、洞穴动物的活动、植物体死亡后分解形成的腐植酸对岩石的分解都可以改变岩石的状态与成分。

岩石风化作用与水分和温度密切相关，温度越高，湿度越大，风化作用越强；但在干燥的环境中，主要以物理风化为主，且随着温度的升高物理风化作用逐渐加强；但在湿润的环境中，主要以化学风化作用为主，且随着温度的升高化学风化作用逐渐加强。物理风化主要受温度变化影响，化学风化受温度和水分变化影响都较大。从地表风化壳厚度来看，温度高，水分多的地区风化壳厚度最大。土壤是在风化壳的基础上演变而来的。

二、风化作用之内因

风化作用之所以能够进行，是因为矿物和岩石所处的环境发生了改变。组成地壳的三大类岩石的大多数形成于地下深处的高温高压环境中，即便是沉积岩，在其形成岩石之后的后生作用阶段，也遭受了一定的压力和较高温度的影响。当这些岩石一旦由于地质作用的影响而被揭露于地表以后，就进入了一个与原来形成环境截然不同的境地。在这里，岩石处于常温常压之下，气温经常变化，各种气体、溶液和有机体等都时刻在对岩石发生影响，这就使岩石内部旧有的平衡被破坏，迫使岩石和矿物在物理性质和化学成分上发生某些改变，形成在新的环境下相对稳定的新产物，以达到新的平衡。

三、风化作用之外因

是岩石或矿物所处环境的改变，是变化的条件。外因通过内因而起作用。所以风化作用可概括为在气温的变化、湿气的影响、化学的化合和分解以及生物活动等统一作用下引起的地表岩石和地形的破坏作用。

引起风化作用进行的因素是复杂的，其进行的方式也是多样性的，其结果也各不相同。根据风化作用的方式和结果的不同，可分出物理的（机械的）破坏、化学的化合和分解的破坏以及生物因素引起的破坏。

几个重要概念：

风化：岩石的物理、化学性质的变化；

风化营力：引起风化作用发生的因素的统称；

风化壳：被风化的岩石圈表层。

任务二　物理风化作用

在地表或接近地表条件下，岩石、矿物在原地发生机械破碎的过程叫作物理风化作用。引起物理风化作用的主要因素是岩石释重和温度变化。此外，岩石裂隙中水的冻结与融化、盐类的结晶与潮解等，也能促使岩石发生物理风化作用。

一、引发因素

1. 岩石释重

无论岩浆岩、变质岩还是沉积岩，在其形成以后，都可能因为上覆巨厚的岩层而承受巨大的静压力。一旦上覆岩层遭受剥蚀而卸荷，岩石释重随之产生向上或向外的膨胀作用，形成一系列与地表平行的节理。处于地下深处，承受巨大静压力的岩石，其潜在的膨胀力是十分惊人的。在一些矿山，当岩石初次露在掌子面时，膨胀是非常迅速的，以致碎片炸裂飞出。岩石释重所形成的节理，为水和空气的活动提供了通路，使它们的风化作用更有效。

2.温度变化

白天岩石在阳光照射下，表层首先升温，由于岩石是热的不良导体，热向岩石内部传递很慢，遂使岩石内外之间出现温差，各部分膨胀不同，形成与表面平行的风化裂隙。到了夜晚，白天吸收的太阳辐射热继续以缓慢速度向岩石内部传递，内部仍在缓慢地升温膨胀，而岩石表面却迅速散热降温、体积收缩，于是形成与表面垂直的径向裂隙，久而久之，这些风化裂隙日益扩大、增多，导致岩石层层剥落，最后崩解成碎块。

3.水的冻结与融化

在一些高寒地带，如雨水或融雪水侵入岩石裂隙，当岩石温度低到0摄氏度以下时，液态的水就变为固态的冰，体积膨胀约9%。这对裂隙将产生很大的膨胀压力，使原有裂隙进一步扩大，同时产生更多的新裂隙。当温度升高至冰点以上时，冰又融化成水，体积减小，扩大的空隙中又有水渗入。年复一年，就会使岩体逐渐崩解成碎块。这种物理风化作用又称为冰劈作用或冰冻风化作用。冰冻风化作用主要发生在严寒的高纬度地区和低纬度的高寒山岳地区。

4.可溶盐的结晶与潮解

在干旱及半干旱地区，广泛地分布着各种可溶盐类。有些盐类具有很大的吸湿性，能从空气中吸收大量的水分而潮解，最后成为溶液。温度升高，水分蒸发，盐分又结晶析出，体积显著增大。由于可溶盐溶液在岩石的空隙和裂隙中结晶时的撑裂作用，使得裂隙逐渐扩大，导致岩石松散破坏。可溶盐的结晶撑裂作用，在干旱的内陆盆地是十分引人注目的。盐类结晶对岩石所起的物理破坏作用，主要决定于可溶盐的性质，同时与岩石空隙度的大小和构造特征也有很大关系。

二、作用结果

可以看出，物理风化的结果依次是岩石的整体性遭到破坏，随着风化程度的增加，逐渐成为岩石碎屑和松散的矿物颗粒；碎屑逐渐变细，使热力方面的矛盾逐渐缓和，因而物理风化随之相对削弱，但同时随着碎屑与大气、水、生物等营力接触的自由表面不断增大，使得风化作用的性质向化学风化转化。在一定条件下，化学作用将在风化过程中起主要作用。

任务三　化学风化作用

化学风化作用：指岩石或矿物在水和水溶液或大气的化学作用下所产生的一种破坏作用。岩石的破坏方式，不仅表现为机械破碎，其矿物成分和化学成分也发生了改变。化学风化作用是在雨水或大气湿气的配合下进行的。通常指雨水落到地面不久，在原地进行的破坏。在雨水中聚集所进行的破坏作用就成为剥蚀作用了。

一、溶解作用

水直接溶解岩石中矿物的作用称为溶解作用。溶解作用的结果，使岩石中的易溶物质被逐渐溶解而随水流失，难溶的物质则残留于原地。岩石由于可溶物质的被溶解而致孔隙增加，削弱了颗粒间的结合力从而降低岩石的坚实程度，更易遭受物理风化作用而破碎。最容易溶解的矿物是卤化盐类（岩盐，钾盐），其次是硫酸盐类（石膏，硬石膏），再次是碳酸盐类（石灰岩，白云岩）。岩石在水里的溶解作用一般进行得十分缓慢，但是当水的温度升高以及压力增大时，水的溶解作用就比较活跃。特别是当水中含有侵蚀性的二氧化碳而发生碳酸化作用时，水的溶解作用就会显著增强，如在石灰岩分布地区，由于这种溶解作用经常会产生溶洞、溶穴等岩溶现象。

二、水化作用

有些矿物与水接触后和水发生化学反应，吸收一定量的水到矿物中形成含水矿物，这种作用称为水化作用。如硬石膏经过水化作用变为石膏就是很好的例子。

水化作用的结果产生了含水矿物。含水矿物的硬度一般低于无水矿物，同时由于在水化过程中结合了一定数量的水分子进人物质的成分之中，改变了原有矿物的成分，引起体积膨胀，对岩石也具有一定的破坏作用。

若岩层中含有硬石膏时，当石膏发生水化作用而体积膨胀，对围岩会产生很大的压力，促使岩层破碎。在隧道施工中，这种压力甚至能引起支撑倾斜、衬砌开裂，应当引起足够的注意。

三、水解作用

水本身是中性的，但仍有很低的解离能力。在1250万升的水里就有18克的水处于解离状态，成为氢离子和氢氧根离子。水具有酸性溶液和碱性溶液的双重性质。有些矿物溶解于水后，由于这种性质，该矿物的结构就被破坏了，这就是水解作用。地壳中的矿物大部分是弱酸强碱的硅酸盐化合物，溶解在水里的话，水的氢氧根离子与盐基结合形成不分解的碱分子。

如钾长石易发生水解形成高岭石和二氧化硅。钾长石离解时，形成的氢氧化钾呈真溶液随水迁移，析出的二氧化硅呈胶体状态流失，铝硅酸根与一部分氢氧根离子结合形成高岭石残留原地。

在湿热气候条件下，高岭石还要进一步水解，形成铝土矿，如二氧化硅被水带走，铝土矿可以富集起来成为矿床。

四、碳酸化作用

溶于水中的二氧化碳形成碳酸根离子和碳酸氢根离子，它们能夺取盐类矿物中的钾、钠、钙等金属离子，结合成易溶的碳酸盐而随水迁移，使原有矿物分解，这种变化称为碳酸化作用。

如钾长石易于碳酸化，在这一反应中，碳酸钾和二氧化硅均被水带走，高岭石残留原地。斜长石也能产生碳酸盐化。由于长石是火成岩中最主要的造岩矿物，它们都易于经过碳酸化和水解作用转变成为黏土矿物，因而火成岩较易受风化而破坏。

五、氧化作用

矿物中的低价元素与大气中的游离氧化合变为高价元素的作用，称为氧化作用。氧化作用是地表极为普遍的一种自然现象。在湿润的情况下，氧化作用更为强烈。自然界中，有机化合物、低价氧化物、硫化物最容易遭受氧化作用。尤其是低价铁常被氧化成高价铁。例如常见的黄铁矿在含有游离氧的水中，经氧化作用形成褐铁矿，同时产生对岩石腐蚀性极强的硫酸，可使岩石中的某些矿物分解形成洞穴和斑点，致使岩石破坏。

影响化学风化作用进行的因素是外界：气候条件和岩石或矿物本身的性质。由于化学风化作用与水的关系更为密切，在潮湿、雨量充沛的气候区，增加了水溶液的活泼性，更适于化学风化作用的进行。

一年之中，冷季以物理风化为主，暖季以化学风化为主。化学风化作用主要是在岩石表面进行，一方面是与外界接触面愈大，风化愈强，随着物理破碎程度的加大，愈易遭受化学风化；另一方面在于组成不同矿物的元素的迁移能力。组成地壳的最主要元素在化学风化时，元素的迁移具有一定的顺序，但这一顺序并不完全符合元素的溶解度。

在化学风化作用过程中，矿物具有不同的风化强度。通过化学风化作用，岩石或矿物中的一部分活动性的物质和易溶盐类溶于水中而流失，不溶解的石英颗粒或高岭土等残留原地；以胶体形式流动的物质，由于物理、化学条件的改变，也有部分凝聚为稳定矿物存留下来，如铝土矿、褐铁矿、蛋白石等。同时，也可使岩石或矿物的物理性质发生改变，如体积增大，密度减小，失掉光泽和弹性等。

任务四　生物风化作用

岩石在动、植物及微生物影响下发生的破坏作用，叫作生物风化作用。地表及其上下广泛分布着生物，从大气圈10千米的高空，直到地下深达3千米地方都有生物活动。生物的生命活动及其新陈代谢作用和遗体的腐败分解产物是岩石发生破坏的重要因素。

生物对岩石的破坏，既表现有机械的破碎，也表现有化学的分解。

一、生物机械破坏作用

根源于岩石裂隙中的植物的根须不断变粗、变长和增多，对裂隙壁以强大的压力，劈裂岩石，扩大岩石裂缝，导致岩石发生破碎，称为根劈作用。

二、生物化学风化作用

生物的化学风化作用有两种表现形式：

1.生物在生命活动中的新陈代谢作用所引起的化学破坏作用。

2.生物死亡后，由于遗体腐败分解产生多种有机酸对岩石引起的化学破坏。生物的新陈代谢，实质上就是有机界和无机界进行物质交换。一方面要从矿物中吸取某些化学元素（氮、磷、钾、钙、铁等）；另一方面会分泌有机酸，碳酸、硝酸等酸类物质以分解矿物，促使矿物中一些活泼的金属阳离子游离出来，一部分供生物吸收，一部分随水流失。

还原环境下生物遗体腐烂分解，形成暗色和黑色的胶状腐殖质。腐殖质可促进植物生长；其中的有机酸对矿物、岩石起着化学破坏作用。

一般地，各类风化作用是相伴而生的。

如物理风化能扩大岩石的空隙，增加表面积，加速岩石的化学风化；化学风化使矿物和岩石的性质改变，破坏了原岩的坚固性，为物理风化提供了有利条件。生物风化总是与各种物理风化及化学风化作用配合发生。

任务五　影响风化作用的因素

影响风化作用的因素多而复杂，但最主要的是原岩的特性、气候条件和地形三个因素。

一、原岩的特性

这是影响风化作用的内在因素。岩石的种类、造岩矿物的物理和化学性质、岩石的结构和构造都影响风化作用。一般地说，岩石形成时的温度、压力等条件与地表相差越大，岩石越易风化。多种矿物组成的岩石，因各种矿物热胀系数不同而比单矿物组成的岩石易风化。深色矿物比浅色矿物吸热、散热均快，故含深色矿物多的岩石不易风化。造岩矿物中化学成分稳定的，往往只被机械破碎而几乎不发生化学分解；而化学成分不稳定的，则易遭风化分解。岩石的组成矿物颗粒粗、粒径不均匀的比细而均匀的易受温差风化。此外，岩石中胶结物的成分和胶结方式、岩石裂隙发育程度等，也都影响岩石的抗风化能力。

二、气候条件

气候是影响风化作用的基本因素。大气温差变化越大，物理风化越强；水量充足有利于物质间的化学反应；生物，尤其是植物的大量繁殖促进生物风化等。不同气候带的风化作用类型和发育程度不同。极地严寒，降水以雪为主，物理风化最为强烈，几乎没有化学风化。热带、亚热带高温多雨，化学风化强烈，常可达到风化作用的终极阶段。温带，气候条件适中，化学风化与物理风化发育程度大致相当。干旱荒漠区温差大、雨量小，物理风化作用很强烈。

三、地形

地形可影响局部气候条件，从而影响风化作用。中低纬度高山地区的不同高度上有不同的气候带；山脉坡地的朝向造成不同的局部小气候，因而风化类型、风化产物有所不同。地形的陡缓则直接影响风化作用的进展状况和风化产物保存条件。地形平缓，地下水位高，有利于化学风化和风化产物的保存，残积层厚利于风化作用发展到最后阶段。地形陡峻，利于水的排泄，元素容易迁移，风化产物不易保存，因而残积层薄，物理风化比较显著。

任务六　风化作用的产物

一、风化产物的类型

风化产物的类型主要有碎屑物质、溶解物质、难溶物质。

1.碎屑物质

包括岩石碎屑和矿物碎屑，主要是物理风化作用的产物，也有一部分是岩石在化学风化过程中未完全分解的矿物碎屑（如石英及长石碎屑）。风化形成的碎屑物质可以成为碎屑沉积物的重要来源。

2.溶解物质

（1）主要是是化学风化作用和生物风化作用的产物。

（2）主要包括两部分：一部分是易于搬运的钾、钠、钙、镁等元素的碳酸盐、硫酸盐、氯化物以及为数较少的锰、磷的氧化物，它们常以真溶液形式被水带走，它们是化学沉积物的主要来源。另一部分是较易淋失的二氧化硅，它主要以胶体溶液形式随水搬运开来，其中一部分以蛋白石形式在原地附近堆积。

3.难溶物质

岩石中较为活泼的元素及其化合物被带走之后，相对不活泼的铁、铝等元素在原地残留下来，形成褐铁矿、黏土矿物以及铝土矿等。

二、残积物

岩石风化后在原地残留的物质称为残积物。它包括残留原地的碎屑物以及新形成的矿物。

1.结构松散，岩石碎屑往往大小不均，棱角显著，通常不具层理。

2.主要分布在分水岭、山坡和低洼地方，其表面常较平坦，而底界起伏不平，与基岩呈过渡关系。

3.高度因地而异。

4.有垂直分带性：底部风化微弱，中部风化显著，上部风化强烈。因而常具假层理。

5.抗风化能力强的重矿物有时可以残留下来富集成为残积砂矿床，如锡石、金等。

三、风化壳

1.风化壳概念

风化的产物成为一个不连续的薄壳覆盖在基岩上，称为风化壳，包括残积物及其上覆的土壤，厚度一般为数厘米至数十米。风化壳的结构各地大致相似，但其成分和厚度则因地而异，主要与岩性、气候、地形和风化作用的时间等因素有关。

一般潮湿炎热气候区，风化壳厚度大，结构复杂，干旱区则是以机械风化为主形成的风化壳，厚度一般较小，常仅有数十厘米，结构亦较简单。风化壳的性质与特征受着气候条件的严密控制，在不同气候带风化壳有不同的性质与特征。

2.风化壳剖面

按照风化的性质和程度，一个完整的风化壳在剖面上，从上到下可分为：

（1）土壤

最上部的一层，经受长期物理风化、化学风化和生物风化而成。常混有植物的根。

（2）残积层

物理和化学风化而成。自上向下风化程度由深变浅，碎屑颗粒由小变大，厚度达十余米。

（3）半风化层

风化壳的最底层，为半风化岩石碎块组成。其岩石成分与下伏基岩相同，结构、构造大致保存，但多裂隙。风化壳内的层次变化是逐渐过渡的，没有明显分界面。在没有明显生物风化作用的地区，土壤层缺失。

3.古风化壳或埋藏风化壳

被较新岩层覆盖而保存下来的风化壳，称为古风化壳或埋藏风化壳。不整合面上常有古风化壳存在。如我国华北许多地区中奥陶世地层与其上覆的中石炭世地层之间，发育了厚数厘米到数米的富含铁、铝质的古风化壳。

4.风化壳的研究意义

无论对现代或古风化壳的研究都是十分重要的。

①可以指导我们找寻有关矿产。风化壳中可形成一些具有经济价值的矿产，如锡石、金刚石、钨、铂等残积砂矿和铁、锰、铝、镍和黏土矿等残余型矿床。风化壳中元素的丰度和铁帽又是找寻原生矿床的良好标志。

②可以帮助恢复古地理和古气候以及地壳构造运动史。风化壳是陆地长期处于稳定或缓慢上升的情况下，岩石长期暴露地表，经受充分风化作用发育而成的。如果我们在地层中见到发育良好的古风化壳，则可推知该区在形成风化壳时，曾经是处于构造运动不强烈且经历了长期风化的陆地，而且从风化壳中风化产物的厚度和成分，又能推知当时的气候条件。

③应用研究：风化壳是一种地表松散堆积物，它直接影响到水利工程建筑的稳固性和渗漏性，尤其是古风化壳，有时会给工程建筑造成很大的危害，所以必须对这些工程场地的风化壳进行详细的研究，以掌握其发育情况，确定是否需要进行工程处理。岩石在风化过程中扩大了孔隙和裂隙，有利于大气降水的渗入，所以在风化壳较厚的地区，能找到丰富的地下水。风化作用与人类活动有着密切关系。农业需要改良土壤，而改良土壤就必须研究母岩的性质和风化作用特征。

任务七　干旱区荒漠的类型

年降水量小于25毫米的地区都可称作荒漠。荒漠的主要特征是，降水稀少、蒸发强烈、植被贫乏、温差大、物理风化强烈、风力作用盛行，但温度并不一定是高温。根据此定义则极地、中纬度地区上涌冷洋流影响的海滨，以及由于湿润海洋空气传送受高山阻挡而导致在高山背洋面形成的雨影区均为荒漠区。但在全球，荒漠主要分布在两个地区，一个是南、北纬之间由副热带高压引起的干旱荒漠；另一个是在北纬15°～35°之间的温带、暖温带大陆内部远离海洋的干旱荒漠。根据其地貌特征和地表物质组成可将其分为岩漠、砾漠、沙漠和泥漠几种类型。

岩漠是干旱地区分布有各种风蚀地貌的基岩裸露区，主要分布在山麓地带。

岩漠的地貌结构表现为，在山地边缘有山麓剥蚀面或山足面和由较硬岩层组成的岛山，向盆地中心过渡为干荒地或盐湖。

砾漠是指地面由砾石组成的荒漠，又称“戈壁”（蒙古语），意为难生草木的土地。地表无基岩，地面平坦，由砾石和砂构成，砾石经风蚀后可变为风棱石，表面可见油黑发光的沙漠岩漆，它是由砾石中铁锰聚集在表面，经风蚀磨光而成。

沙漠是指地面覆盖着大量流沙的荒漠。沙漠中发育着不同时代的沙丘。

泥漠是由黏土物质组成的荒漠。形成于低洼地或封闭的盆地内，干旱季节湖盆中心干涸，龟裂发育。盐渍化的泥漠称盐沼泥漠。

任务八　黄土与黄土地貌

一、黄土

黄土主要是第四纪风力搬运堆积的土状堆积物，多分布于干旱半干旱区。从全球来看，黄土覆盖面积约占地球表面的10%，集中分布在温带和沙漠前缘的半干旱地带。从黄土的生成环境来看，黄土主要分布在两种地区：（1）古冰盖的外缘（冷黄土）；（2）荒漠或半荒漠的边缘（暖黄土）。这两种黄土均为风力搬运的产物。

中国黄土与黄土状堆积物有约63×10^4平方千米，其中黄土44万多平方千米，主要分布于昆仑山、秦岭以北，阿尔泰山、阿拉善和大兴安岭一线以南。黄河中游的黄土高原是黄土大面积分布区，此外，新疆、青海、河西走廊，黄河下游及松辽平原等地也有黄土分布。黄土颜色灰黄、棕黄或棕红。粒级以粉砂为主，粘粒及细砂较少。矿物成分以石英、长石和碳酸盐类矿物为主，并含易溶盐及黏土矿物。风成黄土垂直节理，空隙度大，湿陷性强，抗腐蚀性弱，极易遭受流水侵蚀。黄土中有多层埋藏古土壤，同时又存在沉积间断，下伏古地形起伏虽远逊于现代，但对地貌发育的影响仍较显著。

除风成黄土是所谓原生黄土外，残积、坡积、流水冲积还形成多种次生黄土。其垂直节理发育不好，但湿陷性弱，不易产生潜蚀，地貌类型不如风成黄土完整和典型。

二、黄土地貌

1.黄土堆积地貌

黄土高原：分布于新构造运动的上升区，由黄土堆积而成的高而平坦的地面。黄土高原受现代水流切割，形成下列地貌：

（1）黄土塬是黄土高原受现代沟谷切割后，保存下来的大型平坦地面，见图8-2（a）。

（2）黄土墚是平行沟谷的长条状高地，见图8-2（b）。

（3）黄土峁是顶部浑圆、斜坡较陡的黄土小丘，见图8-2（c）。

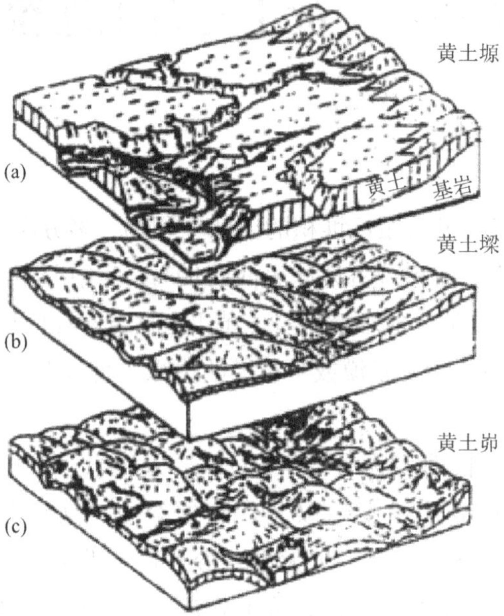

图 8-2　黄土高原主要地貌

（4）黄土平原是分布于新构造下降区由黄土沉积形成的平原，只在局部倾斜地面发育沟谷系统。

2.黄土侵蚀地貌

黄土区大型河谷称为“川”，其形成发展与一般的侵蚀河谷相似，但由于其在发展过程中常伴有风成黄土沉积，所以晚期黄土覆盖在早期河流阶地的现象常见，与无风成沉积的河流情况不同。

黄土区冲沟的形成与一般正常流水作用形成的冲沟发展相似，但由于黄土质地疏松，并常伴有重力及潜蚀作用，冲沟发展较快，有继承性。

3.黄土潜蚀地貌（黄土喀斯特）

由于地面水局部集中，沿黄土裂隙下渗并进行潜蚀作用，产生的一系列黄土潜蚀地貌。

黄土碟是一种直径数米至10米、深数米的碟形凹地。由于流水聚集凹地内，沿黄土裂隙与孔隙下渗、浸润，当潜水面上黄土底部充分含水之后，黄土在重力影响下沉陷而成。

黄土陷穴是黄土碟进一步发展、沉陷，形成深度大于宽度的陷穴。

黄土井是黄土陷穴向下发展，形成深度大于宽度若干倍的陷阱。

黄土柱和黄土桥是在黄土陷穴区崩塌之后，残余的洞顶即构成黄土桥。若沿垂直节理进一步崩坍，就形成黄土柱。

三、黄土在全球气候变化研究中的重要意义

中国第四纪黄土以黄土高原为主体，沉积连续，沉积速率较高，堆积时间较长（250万年），含有丰富的气候与环境变化的纪录。而第四纪整个黄土高原区的构造运动较弱，对沉积物的改造很小，因而第四纪黄土沉积已成为与深海沉积、冰岩芯沉积、湖泊沉积并列的全球气候变化的信息库。在精确的年代控制下，通过黄土沉积中古气候代用指标的研究，与其他三个信息库的资料相对比而重塑第四纪全球环境、气候变化，探讨其原因已成为第四纪研究的一个重要内容，并已取得了很重要的进展。

中国黄土沉积中所提取出的第四纪以来全球气候变化的信息，与深海氧同位素以及极地冰芯的资料可以很好的对比，共同揭示了第四纪以来全球气候冷暖变化的周期性规律。另外在短尺度（千年级及更短）气候研究中，黄土沉积也提供了重要线索。全球性周期性及突变性气候事件的研究对于建立全球环境变化动力机制，进而正确预测未来气候变化趋势，以便未雨绸缪，实现人类社会的可持续发展，意义是显而易见的。

在全球变化研究的信息库中，黄土沉积有其独特性，与湖泊沉积相比，它记录的历史比较长久而连续，与深海沉积相比，它具有较高的沉积速率。更为重要的是黄土沉积比较容易获得，采样难度和成本相对容易得多，因此中国黄土引起了全球环境科学家的重视，而中国科学家对黄土的研究成果也得到了世界科学界的肯定，刘东生先生获得环境科学最高奖，以及中国自然科学最高奖便是明证。

项目九　环境与地质灾害

地质环境为人类生存与发展提供了丰富的资源和广阔的空间，同时，地质环境是不断变化的，尤其是近年来，人类工程经济活动强度加大，地质环境的改变与变化更是超乎想象。如果地质环境的改变超出了本身的适应能力，就产生了灾害现象，地质灾害就是其中之一。地质灾害的产生，离不开地质环境。地质灾害总是发育在一定的地质环境中，在这个环境中，一系列的条件控制着地质灾害的类型、规模、严重程度、危险程度以及未来的发展趋势，地质环境控制着地质灾害的产生与发展。

任务一　大气环境灾害

一、气象灾害

气象灾害是指大气对人类的生命财产和国民经济建设及国防建设等造成的直接或间接的损害，自然灾害会造成几百万元到几百亿元的损失，同时也会造成灾害区内不计其数的伤亡人数。

气象灾害是自然灾害之一。主要包括亚洲热带风暴，中国沿海城市区域出现的台风，南方地区的干旱、高温、山洪、雷暴，中国北方的沙尘暴等，北美地区常见的飓风、龙卷风、冰雹、暴雨（雪）。中国是世界上自然灾害发生十分频繁、灾害种类甚多、造成损失十分严重的少数国家之一。

（一）台风

台风指形成于热带或副热带26摄氏度以上广阔海面上的热带气旋，风速可达20～50米/秒，大者可达110米/秒。通常把形成于西太平洋地区的热带气旋称台风；东太平洋和大西洋地区称飓风；印度洋地区称热带风暴；南半球称热带气旋。热带气旋按强度一般分为4级，中心最大风速在7级以下者，称热带低压；8～9级者为热带风暴；10～12级者称强热带风暴；等于或大于12级者称台风。台风气象图如图9-1所示。

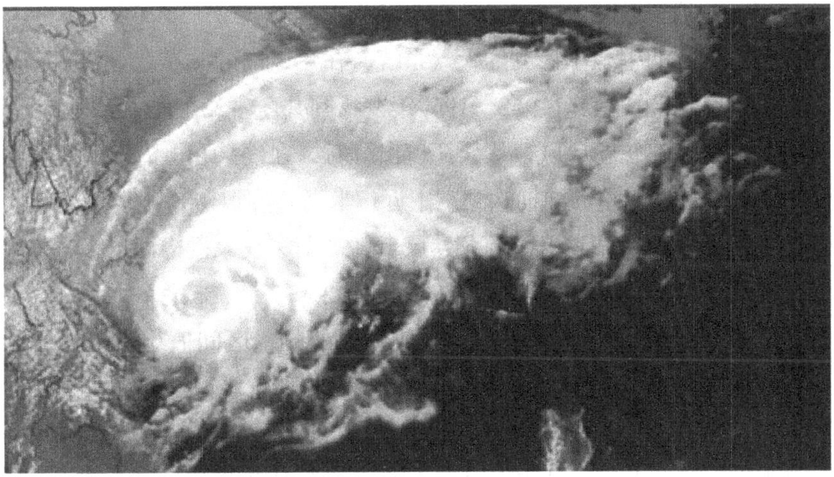

图 9-1　台风气象图

台风的范围通常在600～1000千米，最大的可达2000千米。台风环流伸展的垂直高度可达12～16千米。台风主要发生在南、北纬5°～20°海水温度较高的洋面上，全球台风发源地主要有8个海区。台风在海面上形成后，就随着气流的运动而发生迁移登陆，登陆后的台风随着向陆地的伸入逐渐减弱至消失。

北半球的台风多发生在夏秋季节，而南半球则发生在1～3月。台风的破坏力极大，我国东部沿海，尤其是东海和南海沿岸地带受台风影响最为严重。

（二）龙卷风

水蒸气上升到天空遇冷成了云。云团温度低，对周围水蒸气冷却，水蒸气体积缩小，周围空气水蒸气补充空间，云团下面上升的水蒸气直向上升，水蒸气分子在上升过程中受冷体积缩小越来越小，呈漏斗状。上升的水蒸气分子受冷体积不断缩小，云下气体分子不断补充空间便产生了大风，由于水蒸气受冷体积缩小时，周围一些空间的气体来时不均匀便形成龙卷风。

龙卷风是大气中最强烈的涡旋的现象，常发生于夏季的雷雨天气时，尤以下午至傍晚最为多见，影响范围虽小，但破坏力极大。龙卷风经过之处，常会发生拔起大树、掀翻车辆、摧毁建筑物等现象，往往使成片庄稼、成万株果木瞬间被毁，令交通中断，房屋倒塌，人畜生命和经济遭受损失。龙卷风的水平范围很小，直径从几米到几百米，平均为250米左右，最大为1千米左右。在空中直径可有几千米，最大有10千米。极大风速每小时可达150～450千米，龙卷风持续时间，一般仅几分钟，最长不过几十分钟。

龙卷是一种强的中、小尺度的天气系统，在台风内的龙卷有时很多，例如美洲五次飓风内有115个龙卷。1962～1967年在我国共产生23个龙卷台风。1956年9月24日在厦门登陆的龙卷台风，从长江口出海时，在嘉兴和上海出现了龙卷，把黄浦江边一只11万千克重的油桶吹到空中近17米高，掷到100多米以外的地方。

据国外媒体报道，席卷美国的龙卷风事件被国家气象机构评定为EF-5级别，有着广泛的严重损害程度，风速大约在每小时320～337千米之间，一些气象学家计算发现，龙卷风在肆虐的一个小时内所释放的能量区间值相当于8～600倍广岛原子弹。美国国家强风暴实验室气象学家哈罗德•布鲁克斯认为龙卷风在某些路径点上的宽度可以超过2千米，路程大约为27千米，持续时间为40分钟。根据统计，全美发生的龙卷风事件中，只有不到1%会形成恐怖的破坏事件。

如果一次龙卷风要升级为灾难性事件，需要多种因素的介入，比如当地的地理、气象还有一些不好的运气。2013年5月21日，在俄克拉荷马州就形成了破坏性的龙卷风，内布拉斯加林肯大学气象学教授亚当•休斯顿认为这里的气候温暖、空气潮湿、风切变的天气条件有利于形成强烈的龙卷风。

龙卷风每年能在经济上造成数百万美元的损失，并会导致失业和死伤，危害不容小觑。

从世界范围来看，龙卷主要发生在中纬度（20°～50°）地区。美国是龙卷出现最多的国家，平均每年出现500次左右；澳大利亚、日本次之。我国主要出现在华南、华东一带。

（三）旱涝灾害

旱是指降雨量偏低正常值（平均值），而涝是指降雨量高于正常值，至于降雨量偏离正常值多少才能算旱或涝，还没有一个定量的概念，但是旱或涝肯定能造成灾害。我国是一个多旱涝的国家，几乎每年都有旱涝灾害发生。从全国来看，较大旱涝的发生周期约为3年。大旱年“赤地千里，川竭井枯，百谷无成，野无寸草”；大涝年“平地行舟，禾谷尽没”。我国南北方旱涝发生的时间有点差别，南方以春涝秋旱为特征，而北方则是夏涝冬春旱为特点。旱或涝都给人们的生活、生产以及生命带来严重的影响。1931年，长江的洪水灾害，造成了自沙市以下沿江城市全部被淹，武汉市受淹达百日之久，受灾人数达2855万人，14.5万人死亡，经济损失达13.5亿元（银元）。

旱涝的发生是受多种因素影响的，其中大气环流、海水温异常变化、太阳活动、地球自转等因素较为重要，而我国的旱涝主要受西太平洋副热带高压的影响。旱涝在时间上具有交替出现的现象，而且具有一定的周期，如华北地区的旱涝具有5年、10～11年、35～40年、100年的周期，掌握旱涝发生的周期，对进行抗旱防灾是有指导意义的。

（四）霜冻

霜冻在秋、冬、春三季都会出现，是一种较为常见的农业气象灾害。霜冻是指空气温度突然下降，地表温度骤降到0摄氏度以下，使农作物受到损害，甚至死亡。或者受寒潮影响后，天气由阴转晴的当天夜晚，因地面强烈辐射降温所致，这就是人们常说的“雪上加霜”。霜冻对园林植物的危害，主要是使植物组织细胞中的水分结冰导致生理干旱，而使其受到损伤或死亡，给园林生产造成巨大损失。它与霜不同，霜是近地面空气中的水汽达到饱和，并且地面温度低于0摄氏度，在物体上直接凝华而成的白色冰晶，有霜冻时并不一定是霜。每年秋季第一次出现的霜冻叫初霜冻，翌年春季最后一次出现的霜冻叫终霜冻，初终霜冻对农作物的影响都较大。

霜冻一般分为三种类型。由北方强冷空气入侵酿成的霜冻，常见于长江以北的早春和晚秋，以及华南和西南的冬季，北方群众称之为“风霜”，气象学上叫作“平流霜冻”。在晴朗无风的夜晚，地面因强烈辐射散热而出现低温，群众称之为“晴霜”或“静霜”，气象学上叫作辐射霜冻。先因北方强冷空气入侵，气温急降，风停后夜间晴朗，辐射散热强烈，气温再度下降，造成霜冻，这种霜冻称为混合霜冻或平流辐射霜冻，也是最为常见的一种霜冻。一旦发生这种霜冻，往往降温剧烈，空气干冷，很容易使农作物和园林植物枯萎死亡（见图9-2）。所以这类霜冻应特别引起注意，以免造成严重的经济损失。

图 9-2　霜冻

二、大气污染

在干洁的大气中，衡量气体的组成是微不足道的。但是在一定范围的大气中，出现了原来没有的微量物质，其数量和持续时间，都有可能对人、动植物及物品、材料产生不利影响和危害。当大气中污染物质的浓度达到有害程度，以至破坏生态系统和人类正常生存和发展的条件，对人或物造成危害的现象叫作大气污染。

凡是能使空气质量变差的物质都是大气污染物。大气污染物已知的约有100多种。有自然因素（如森林火灾、火山爆发等）和人为因素（如工业废气、生活燃煤、汽车尾气等）两种，并且以后者为主要因素，尤其是工业生产和交通运输所造成的。主要过程由污染源排放、大气传播、人与物受害这三个环节所构成。

影响大气污染范围和强度的因素有污染物的性质（物理的和化学的），污染源的性质（源强、源高、源内温度、排气速率等），气象条件（风向、风速、温度层结等），地表性质（地形起伏、粗糙度、地面覆盖物等）。

防治方法很多，根本途径是改革生产工艺，综合利用，将污染物消灭在生产过程之中；另外，全面规划，合理布局，减少居民稠密区的污染；在高污染区，限制交通流量；选择合适厂址，设计恰当烟囱高度，减少地面污染；在最不利气象条件下，采取措施，控制污染物的排放量。

中国已制定《中华人民共和国环境保护法》，并制定国家和地区的“废气排放标准”，以减轻大气污染，保护人民健康。

大气污染物按其存在状态可分为两大类。一种是气溶胶状态污染物，另一种是气体状态污染物。气溶胶状态污染物主要有粉尘、烟液滴、雾、降尘、飘尘、悬浮物等。气体状态污染物主要有以二氧化硫为主的硫氧化合物，以二氧化氮为主的氮氧化合物，以一氧化碳为主的碳氧化合物以及碳、氢结合的碳氢化合物。大气中不仅含无机污染物，而且含有机污染物。

并且随着人类不断开发新的物质，大气污染物的种类和数量也在不断变化。就连南极和北极的动物也受到了大气污染的影响！

（一）形成条件

大气中有害物质的浓度越高，污染就越重，危害也就越大。污染物在大气中的浓度，除了取决于排放的总量外，还同排放源高度、气象和地形等因素有关。

污染物一进入大气，就会稀释扩散。风越大，大气湍流越强，大气越不稳定，污染物的稀释扩散就越快；反之，则污染物的稀释扩散就慢。在后一种情况下，特别是在出现逆温层时，污染物往往可积聚到很高浓度，造成严重的大气污染事件。降水虽可对大气起净化作用，但因污染物随雨雪降落，大气污染会转变为水体污染和土壤污染。

地形或地面状况复杂的地区，会形成局部地区的热力环流，如山区的山谷风、滨海地区的海陆风，以及城市的热岛效应等，都会对该地区的大气污染状况发生影响。

烟气运行时，碰到高的丘陵和山地，在迎风面会发生下沉作用，引起附近地区的污染。烟气如越过丘陵，在背风面出现涡流，污染物聚集，也会形成严重污染。在山间谷地和盆地地区，烟气不易扩散，常在谷地和坡地上回旋。特别在背风坡，气流作螺旋运动，污染物最易聚集，浓度就更高。夜间，由于谷底平静，冷空气下沉，暖空气上升，易出现逆温，整个谷地在逆温层覆盖下，烟云弥漫，经久不散，易形成严重污染。

位于沿海和沿湖的城市，白天烟气随着海风和湖风运行，在陆地上易形成“污染带”。

早期的大气污染，一般发生在城市、工业区等局部地区，在一个较短的时间内大气中污染物浓度显著增高，使人或动、植物受到伤害。20世纪60年代以来，一些国家采取了控制措施，减少污染物排放或采用高烟囱使污染物扩散，大气的污染情况有所减轻。

高烟囱排放虽可降低污染物的近地面的浓度，但是也能把污染物扩散到更大的区域，从而造成远离污染源的广大区域的大气污染。大气层核试验的放射性降落物和火山喷发的火山灰可广泛分布在大气层中，造成全球性的大气污染。

所谓大气污染就是指正常的大气中主要含对植物生长有好处的氮气（占78%）和人体、动物需要的氧气（占21%），还含有少量的二氧化碳（0.03%）和其他气体。当本不属于大气成分的气体或物质，如硫化物、氮氧化物、粉尘、有机物等进入大气之后，大气污染就发生了。大气污染主要由人的活动造成，大气污染源主要有：工厂排放、汽车尾气、农垦烧荒、森林失火、炊烟（包括路边烧烤）、尘土（包括建筑工地）等。

（二）危害

1.对人体的危害

人类体验到的大气污染的危害，最初主要是对人体健康的危害，随后逐步发现了对工农业生产的各种危害以及对天气和气候产生的不良影响。人们对大气污染物造成危害的机理、分布和规模等问题的深入研究，为控制和防治大气污染提供了必要的依据。大气污染后，由于污染物质的来源、性质、浓度和持续时间的不同，污染地区的气象条件、地理环境等因素的差别，甚至人的年龄、健康状况的不同，对人均会产生不同的危害。

大气污染对人体的影响，首先是感觉上不舒服，随后生理上出现可逆性反应，再进一步就出现急性危害症状。大气污染对人的危害大致可分为急性中毒、慢性中毒、致癌三种。

（1）急性中毒

空气中大气的污染物浓度较低时，通常不会造成人体急性中毒，但在某些特殊条件下，如工厂在生产过程中出现特殊事故，大量有害气体泄露外排，外界气象条件突变等，便会引起人群的急性中毒。如印度帕博尔农药厂甲基异氰酸酯泄露，直接危害人体，发生了2500人丧生，十多万人受害。

（2）慢性中毒

大气污染对人体健康慢性毒害作用，主要表现为污染物质在低浓度、长时间连续作用于人体后，出现的患病率升高等现象。中国城市居民肺癌发病率很高，其中最高的是上海市，城市居民呼吸系统疾病明显高于郊区。

（3）致癌作用

这是长期影响的结果，是由于污染物长时间作用于肌体，损害体内遗传物质，引起突变，如果生殖细胞发生突变，使后代机体出现各种异常，称致畸作用；如果引起生物体细胞遗传物质和遗传信息发生突然改变作用，又称致突变作用；如果诱发成肿瘤的作用称致癌作用。这里所指的“癌”包括良性肿瘤和恶性肿瘤。环境中致癌物可分为化学性致癌物、物理性致癌物、生物性致癌物等。致癌作用过程相当复杂，一般有引发阶段、促长阶段。能诱发肿瘤的因素，统称致癌因素。由于长期接触环境中致癌因素而引起的肿瘤，称环境瘤。大气污染会导致人的寿命下降。

大气污染物主要分为有害气体（二氧化碳、氮氧化物、碳氢化物、光化学烟雾和卤族元素等）及颗粒物（粉尘和酸雾、气溶胶等）。它们的主要来源是工厂排放、汽车尾气、农垦烧荒、森林失火、炊烟（包括路边烧烤）、尘土（包括建筑工地）等。

2.对工农业的危害

大气污染对工农业生产的危害十分严重，这些危害可影响经济发展，造成大量人力、物力和财力的损失。大气污染物对工业的危害主要有两种：一是大气中的酸性污染物和二氧化硫、二氧化氮等，对工业材料、设备和建筑设施的腐蚀；二是飘尘增多给精密仪器、设备的生产、安装调试和使用带来的不利影响。大气污染对工业生产的危害，从经济角度来看就是增加了生产的费用，提高了成本，缩短了产品的使用寿命。

3. 对气候的危害

大气污染物质还会影响天气和气候。颗粒物使大气能见度降低，减少到达地面的太阳光辐射量。尤其是在大工业城市中，在烟雾不散的情况下，日光比正常情况减少40%。高层大气中的氮氧化物、碳氢化合物和氟氯烃类等污染物使臭氧大量分解，引发的“臭氧洞”问题，成为了全球关注的焦点。

从工厂、发电站、汽车、家庭小煤炉中排放到大气中的颗粒物，大多具有水汽凝结核或冻结核的作用。这些微粒能吸附大气中的水汽使之凝成水滴或冰晶，从而改变了该地区原有降水（雨、雪）的情况。人们发现在离大工业城市不远的下风向地区，降水量比四周其他地区要多，这就是所谓“拉波特效应”。如果，微粒中央夹带着酸性污染物，那么，在下风地区就可能受到酸雨的侵袭。

大气污染除对天气产生不良影响外，对全球气候的影响也逐渐引起人们关注。由大气中二氧化碳浓度升高引发的温室效应的加强，是对全球气候的最主要影响。地球气候变暖会给人类的生态环境带来许多不利影响，人类必须充分认识到这一点。

河流干涸、森林减少、动物灭绝、臭氧层破坏、温室效应等等。温室效应、酸雨、和臭氧层破坏就是由大气污染衍生出的环境效应。这种由环境污染衍生的环境效应具有滞后性，往往在污染发生的当时不易被察觉或预料到，然而一旦发生就表示环境污染已经发展到相当严重的地步。当然，环境污染的最直接、最容易被人所感受的后果是使人类生存环境的质量下降，影响人类的生活质量、身体健康和生产活动。例如城市的空气污染造成空气污浊，人们的发病率上升等等；水污染使水环境质量恶化，饮用水源的质量普遍下降，威胁人的身体健康，引起胎儿早产或畸形等等。严重的污染事件不仅带来健康问题，也造成社会问题。随着污染的加剧和人们环境意识的提高，由于污染引起的人群纠纷和冲突逐年增加。在全球范围内都不同程度地出现了环境污染问题，具有全球影响的方面有大气环境污染、海洋污染、城市环境问题等。随着经济和贸易的全球化，环境污染也日益呈现国际化趋势，出现的危险废物越境转移问题就是这方面的突出表现。地球的破坏给人类带来的不利影响的表现有：生态环境形势十分严峻，一是水土流失严重，土地沙化速度加快，森林生态功能衰退，草地资源退化，水生态环境系统仍在恶化；二是农业和农村水环境污染严重，食品安全问题日益突出；三是有害外来物种入侵，生物多样性锐减，遗传资源丧失，生物资源破坏形势不容乐观；四是由于中国人口规模庞大，人口自然增长率较高，导致关系到国计民生的重要资源人均占有量不断下降，资源危机显现；五是生态功能继续衰退，生态安全受到威胁，工业固体废物产生量急剧增加，大气污染排放总量仍处于较高水平，全球变暖，臭氧层破坏等等。生态环境现状不仅给生态环境带来了巨大的破坏力，而且制约了经济和社会的协调发展，减缓了社会主义进程。首先，生态环境的巨大破坏给我们造成了巨大的经济损失。就拿中国每年所发生的洪涝灾害来说，一场灾难过后，成千上万的人永远离开了我们，大批大批的人无家可归，不计其数的美好家园遭到破坏，无数的良田被洪水淹没，再加上因道路毁坏所造成的交通中断等等，我们仔细估算一下，我们是不是在经济上蒙受了巨大的损失呢？其次，废水、废气、废渣等废弃物的任意排放，导致大气、河流、土地遭到污染，生态环境遭到严重破坏，同时也严重的损害了广大人民群众的身心健康；再次，由于植被遭到严重破坏致使水土流失严重，土地沙漠化越来越严重，这样迫使许多农民远走他乡，而大部分又没有固定的栖身之地，这加重了社会不安定因素。其实，由于环境遭到破坏所带来的恶果还很多。环境污染的原因总的来说可以是人类活动的结果，也可以是自然活动的结果，或是这两类活动共同作用的结果。如火山喷发，往大气中排放大量的粉尘和二氧化硫等有害气体，同样也造成大气环境的污染。但通常情况下，环境污染更多地是由人类活动，特别是社会经济活动引起的。我们平常所指的就是这类源于人类活动的环境污染。人类活动之所以会造成环境污染，是因为人类跟其他生物有一个根本差别：人类除了进行自身的生产外，还进行更大规模的物质生产，而后者是其他所有生物都没有的。由于这一点，人类活动的强度远远大于其他生物。例如，对生态系统中水的利用，其他生物仅取用满足其生存要求的量，而人类对水的利用则不知道要比其他生物多多少倍，多到有的局部生态系统所有的水都不够用。污染物的排放源称为污染源。各种污染源的情况将在第四节讲述。对环境污染可以从不同角度进行分类。根据受污染的环境系统所属类型或其中的主导要素，可分为大气污染、水体污染、土壤污染等等；按污染源所处的社会领域，可分为工业污染、农业污染、交通污染等等；按照污染物的形态或性质，可分为废气污染、废水污染、固体废弃物污染、以及噪声污染、辐射污染等污染。

4. 对植物的危害

大气中的污染物主要通过气孔进入叶片并溶解在叶肉组织中，通过一系列的生物化学反应对植物生理代谢活动产生影响，所以植物受害症状一般都是出现在叶片。污染物不同，植物受害的症状也是有差异的。

（三）大气环境的保护与治理

1.减少或控制大气污染物的排放

大气污染是由污染源排放污染物造成的，控制大气污染物的来源是控制大气污染的关键。减少或控制大气污染物的排放量一般有两种方法，即浓度控制和总量控制。浓度控制是使排出废气中的有毒和有害成分降低到规定标准以下，这对于控制污染源密集度低和污染程度较轻的地区是一种基本手段。总量控制是对整个地区排放的污染物总量加以限定，从而达到改善大气环境的手段，这对于污染严重和污染源较集中的地区是一种有效的方法。

为了实现大气污染的控制，可根据污染源和污染物的特性，采取不同的具体措施，如改变能源结构、进行技术革新、改进生产工艺等等，使大气污染控制到最低限度。随着科学技术的发展，一些新型的无污染能源有望得到利用，这将会完全改善大气质量。

2.合理的城市和工业布局及规划

为了控制大气污染，改善生存环境，一座城市的建设必须有一个长远的规划。从环境保护角度出发，在城市规划和布局上应从这几方面考虑：①地理因素。在一些易形成逆温层的谷地和盆地地区，不宜把工业区建在这些地方。②风向。一个城市工厂应布置在盛行风的下风向，而居民区则建在上风向。③工业区不宜集中。因污染物排放量过大将影响被稀释和扩散的速度。

3.发展植树绿化

植树绿化不仅可以美化环境，而且还可吸滤各种毒气、截留粉尘、净化空气，起到保护大气环境的作用。因此，应把植树绿化作为改善大气质量的一种基本途径。

任务二　水圈灾害

一、水圈灾害

发生于水圈中的自然灾害有暴雨、洪水、冰雹、海岸侵蚀、海啸、雪崩等，尤以洪水造成的灾害最大。

洪灾在我国几乎每年都有发生，较大的洪灾发生频率约为3年一次。1931年的长江流域大洪水造成14万人的死亡，1954年也造成了4万人死亡的重大灾情。1998年又是我国一个洪灾年，在长江流域、松花江流域、珠江流域都发生了洪灾，经济损失达1666亿元。尤其是长江流域的洪水水位高、持续时间长、来势凶猛是历史罕见的。我国洪灾的发生有一定的时间规律性，每年5～8月份是洪水多发期，并且从南向北逐渐推进。影响洪灾的因素很多，有天文因素、地球运转因素、海水运动因素、大气因素等。另外，人类的活动对洪水发生的频率和强度也有很大影响，如1998年长江大洪水就与上游大量砍伐森林有关。

海岸侵蚀也是21世纪对沿海地区的城市、工业、农业等产生危害的一个重要因素。由于温室效应，两极冰川融化并注入海洋，使海平面上升，将造成海水入侵，农田、盐田受侵蚀，河口淤塞，土地盐碱化，海岸防堤损坏等灾害。若届时海平面上升20厘米，我国沿海地区将至少造成几亿元的直接经济损失。

近几年，由于气候异常，在东欧、我国的青藏高原造成重大雪灾，经济损失惨重，每年有不少人死于雪崩。由于地震、火山喷发、台风等引起的海啸，也使沿海地区人们的生命和财产遭受重大损失，如1933年日本死于海啸的人数达3000人。

二、水污染

水污染是由有害化学物质造成水的使用价值降低或丧失，污染环境的水。污水中的酸、碱、氧化剂，以及铜、镉、汞、砷等化合物，苯、二氯乙烷、乙二醇等有机毒物，会毒死水生生物，影响饮用水源、风景区景观。污水中的有机物被微生物分解时消耗水中的氧，影响水生生物的生命，水中溶解氧耗尽后，有机物进行厌氧分解，产生硫化氢、硫醇等难闻气体，使水质进一步恶化。

废水从不同角度有不同的分类方法。据不同来源分为生活废水和工业废水两大类；据污染物的化学类别又可分无机废水与有机废水；也有按工业部门或产生废水的生产工艺分类的，如焦化废水、冶金废水、制药废水、食品废水等。

污染物主要有：

（1）未经处理而排放的工业废水；

（2）未经处理而排放的生活污水；

（3）大量使用化肥、农药、除草剂而造成的农田污水；

（4）堆放在河边的工业废弃物和生活垃圾；

（5）森林砍伐，水土流失；

（6）因过度开采，产生矿山污水。

（一）污染原因

人类生产活动造成的水体污染中，工业引起的水体污染最严重。如：工业废水，它含污染物多，成分复杂，不仅在水中不易净化，而且处理也比较困难。

工业废水，是工业污染引起水体污染的最重要的原因。它占工业排出的污染物的大部分。工业废水所含的污染物因工厂种类不同而千差万别，即使是同类工厂，生产过程不同，其所含污染物的质和量也不一样。工业除了排出的废水直接注入水体引起污染外，固体废物和废气也会污染水体。

农业污染首先是由于耕作或开荒使土地表面疏松，在土壤和地形还未稳定时降雨，大量泥沙流入水中，增加水中的悬浮物。

还有一个重要原因是农药、化肥的使用量日益增多，而使用的农药和化肥只有少量附着或被吸收，其余绝大部分残留在土壤和漂浮在大气中，通过降雨，经过地表径流的冲刷进入地表水和渗入地表水形成污染。

城市污染源是因城市人口集中，城市生活污水、垃圾和废气引起水体污染造成的。城市污染源对水体的污染主要是生活污水，它是人们日常生活中产生的各种污水的混合液，其中包括厨房、洗涤房、浴室和厕所排出的污水。

世界上仅城市地区一年排出的工业和生活废水就多达500立方千米，而每一滴污水将污染数倍乃至数十倍的水体。

（二）水污染的主要危害

1.水体污染对人体健康的危害

水是人体主要的组成部分，人体的一切生理活动，如输送营养、调节温度、排泄废物等都要靠水来完成。人喝了被污染的水体或吃了被水体污染的食物，就会对健康带来危害。

饮用水中氟含量过高，会引起牙齿珐斑及色素沉淀，严重时会引起牙齿脱落。相反含氟量过低时，会发生龋齿病等。当人畜粪便等生物性污染物管理不当也会污染水体，严重时会引起细菌性肠道传染病，如伤寒、霍乱、痢疾等，也会引起某些寄生虫病等。19世纪欧洲一些城市由于饮水不清洁，时常发生霍乱，1882年德国汉堡市由于饮水不洁，导致霍乱流行，死亡7500多人。水体中还含有一些可致癌的物质，农民常常施用一些除草剂或除虫剂，如苯胺、苯并芘和其他多环芳烃等，它们都可进入水体。这些污染物可以在悬浮物、底泥和水生生物体内积累，若长期饮用这样的水，就可能诱发癌症。据统计，水污染引发的癌症死亡率20世纪90年代比30年前高出1.45倍。

2.对工业生产的影响

水质受到污染会影响工业产品的产量和质量，造成严重的经济损失。水质污染同时会使工业用水的处理费用增加。

3.对农业、渔业生产的影响

农田水分对农作物发育及生长的影响，不仅表现在数量上，而且也表现在质量上。使用污染的天然水体或直接使用污染水来灌溉农田，会破坏土壤，影响农作物的生长，造成减产，严重时则颗粒无收。当土壤被污染的水体污染后，会在今后长时间内失去土壤的功能作用，造成土地资源严重浪费。据统计，由于水污染，已造成了160多万公顷农田粮食减产，减产粮食达25亿～50亿公斤。

水也是水生生物生存的介质。当水受到污染，就会危及到水生生物生长和繁衍，并造成渔业大幅度减产。如黄河的兰州段原有18个鱼种，其中8个鱼种现已绝迹。自1987年以来连续3次发生的死鱼事故，直接经济损失达1000多万元。由于水体污染也会使鱼的质量下降，据统计，每年由于鱼的质量问题造成的经济损失多达300亿元。

（三）水污染的防治

1.加强对水体及其污染源的监测和管理

经常的监测和科学的管理，可以使水体污染的防治工作有目标、有方向地进行。这方面的工作包括对工业废水的排放量和废水浓度的监测及管理，对污水处理厂的监测及管理，对水体卫生特征、经济指标的监测及管理等。

2.控制或减少废水或污水的排放量

控制或减少废水或污水的排放量，是控制水体污染的一条重要途径，尤其是对工业废水排放量的控制更为重要。要达到控制或减少废水和污水的排放量必须采取一系列的措施，如改革生产工艺、降低用水量、实行重复用水、关闭生产设施落后、效益低而污染严重的小型企业等。

3.合理利用水体的自净能力

规模较大、流动性强的水体具有较强的自净能力，可以选择这样的水体进行适量的污水排放。但特别要注意的是，天然水体的自净能力是有限的，尤其要严格控制有毒、有害物质的排放。为了不造成水体的污染，必须对水质的标准做出严格规定，合理组织排放。

4.污水处理

污水处理就是用各种方法将污水中所含的污染物质分离出来，或将其转化为无害的物质，从而使污水得到净化。污水处理方法可按其作用原理分为三大类：

（1）物理法　主要是利用物理作用分离废水中呈悬浮状态的污染物质，在处理过程中不改变污染物质的化学性质。

（2）化学法　利用化学反应的作用，除去污染物质或改变污染物的性质。

（3）生物法　是处理污水中应用最久、最广和比较有效的一种方法，它是利用自然界存在的各种微生物，将污水中有机物分解和向无机物转化，达到净化的目的。

5.海洋油污染处理

海洋受石油污染后的治理工作，首先是利用油障把油包围起来，然后再利用回收船只或回收装置收回油障内的油，最后用油吸附材料和油处理剂等对那些剩余的油进行处置。

任务三　生物灾害

在自然界，人类与各种动植物相互依存，可一旦失去平衡，生物灾难就会接踵而至。如捕杀鸟、蛙，会招致老鼠泛滥成灾；用高新技术药物捕杀害虫，反而增强了害虫的抗药性；盲目引进外来植物会排挤本国植物，均会造成不同程度的生物灾害，危及生态环境。

生物的特征在于有生命，地球由于充满生命而气象万千。生物包括动物、植物和微生物，世界上目前已知的动物有120万种，植物25万种。生物圈的几百万种动、植物互相依存，和谐共处，从而使地球显得生机勃勃；生态一旦受到破坏失去平衡，灾难随之而来，人类常常扮演破坏者的角色，例如大量捕杀鸟、蛙、蛇，使老鼠、害虫等横行！用化学药剂杀死田间天敌，使害虫更加猖狂。

生物直接使人致命的案例比较少见，但生物灾难间接危害人类生命，造成成千上万人的死亡，后果不亚于洪水、地震、战争。一场大的蝗灾、病虫害或者农作物瘟病，可使几百万公顷庄稼减产绝收，导致几十万人饥饿死亡。全世界农林作物被瘟病、害虫、老鼠、杂草等毁掉的产量约占1/3。动物、微生物传播的瘟疫，每年造成成千上万的人或动、植物死亡，给农业和畜牧业带来惨重的损失。

一、主要表现

1.它直接导致人畜伤亡，据统计，1907年印度的一只老虎在被击毙前共吃掉当地人436名。20世纪最大的动物吃人案发生在1945年，缅甸兰里岛沼泽的鳄鱼，在一天内吞吃900人。1993年2月5日上午10点，我国内蒙古突泉县某村遭群狼袭击，咬伤17人，咬死牲畜数十只。

2.它间接危害人畜。如鼠疫，自纪元以来共造成数亿人死亡。

3.它危害农牧林业生产。据联合国粮农组织统计，全球谷物生产因虫害常年损失14%，因病害损失10%，因草害损失5.8%，病虫、草害可夺去农作物产量的30%。具体以农业生物灾害为例，可发现生物灾害常会造成如下毁灭性灾害，即造成农作物面积减产绝收；导致农作物大批量变质；加剧经济损失及灾害扩大趋势。

二、治理对策

生态灾害是制约实现第三步战略目标、危及国家安全、企业生存和人们身心健康的瓶颈。所以保护生态环境及生态减灾就是保护及发展生产力。

生物灾害综合治理科学对策之基本含义：从大生态系统的整体出发，根据有害生物与环境之间的相应联系和人类对社会经济生产及发展的具体要求，充分发挥自然控制因素的抑害减灾作用，因地制宜协调运用必要的防治措施，将有害生物控制在经济受害允许水平之下，避免或减轻灾变，以获得综合的生态效益。即开展以生态工程、生态经济、生态设计、产业生态学及环境未来学研究为中心的生物减灾工程实践。

任务四　地质灾害

地质灾害，是指在自然或者人为因素的作用下形成的，对人类生命财产、环境造成破坏和损失的地质作用（现象）。如崩塌、滑坡、泥石流、地裂缝、水土流失、土地沙漠化及沼泽化、土壤盐碱化，以及地震、火山、地热害等。

一、基本定义

地质灾害是指由于自然或人为作用，多数情况下是二者协同作用引起的，在地球表层比较强烈地破坏人类生命财产和生存环境的岩土体移动事件。地质灾害在成因上具备自然演化和人为诱发的双重性，它既是自然灾害的组成部分，同时也属于人为灾害的范畴。在某种意义上，地质灾害已经是一个具有社会属性的问题，已经成为制约社会经济发展和人民安居的重要因素。因此，地质灾害防治就不仅是指预防、躲避和工程治理，在高层次的社会意识上更表现为努力提高人类自身的素质，通过制定公共政策或政府立法约束公众的行为，自觉地保护地质环境，从而达到避免或减少地质灾害的目的。

地质灾害主要是指崩塌（即危岩体）、滑坡、泥石流、岩溶地面塌陷和地裂缝等，它们是比较公认的原地壳表层地质结构的剧烈变化而产生的，且通常被认为是突发性的。

地质环境灾害是指区域性地质生态环境变异引起的危害，如区域性地面沉降、海水入侵、干旱半干旱地区的荒漠化、石山地区的水土流失、石漠化和区域性地质构造沉降背景下平原或盆地地区的频繁洪灾等，这些问题通常都是由多种因素引起且缓慢发生的，地质界常称其为缓变性地质灾害。

当然，不能简单地把洪水归类于地质灾害。但长时期、大范围且爆发频繁的洪灾是与地质环境密切相关的，是人类社会工程经济活动或防洪治水方略与地质环境演变方向比较长期的不相适应的结果。

从地球表层环境变化而言，地震灾害属于地质环境灾害范畴。因其发生的特殊性和危害巨大，地震灾害研究已自成一个体系论，做出未来灾害危障性预测，初步提出并论证其解决方案。

二、分类

地质灾害的分类，有不同的角度与标准，十分复杂。就其成因而论，主要由自然变异导致的地质灾害称自然地质灾害；主要由人为作用诱发的地质灾害则称人为地质灾害。就地质环境或地质体变化的速度而言，可分突发性地质灾害与缓变性地质灾害两大类。前者如崩塌、滑坡、泥石流、地面塌陷、地裂缝，即习惯上的狭义地质灾害；后者如水土流失、土地沙漠化等，又称环境地质灾害。根据地质灾害发生区的地理或地貌特征，可分山地地质灾害，如崩塌、滑坡、泥石流等，平原地质灾害，如地质沉降等。

（一）地震和火山

1.地震

强烈的地震可以在瞬间给人类带来巨大的灾难。1000多年来，全世界约500万人在大地震事件中丧生。在地震灾害中，以构造地震最具有普遍性，危害也最大。地震造成的破坏可分为直接地震灾害和间接地震灾害。

直接地震灾害是指由于强烈地面震动及震动产生的地面断裂和变形，引起建筑物倒塌和损坏，造成人身伤亡及大量社会物质的损失。例如我国1976年7月28日发生的唐山7.8级地震，造成24万多人死亡，16万多人重伤，极震区的工业建筑物70%～80%倒塌或受到严重损坏，整个唐山市变成一片废墟。

间接地震灾害是指因强烈地震引起的山体崩塌，形成滑坡、泥石流；水坝、河堤决口或发生海啸而造成的水灾；以及未熄灭的火源、燃气管道泄漏或电线短路引起的火灾等等。地震火灾很容易发生，造成的损失往往也比较大。例如，著名的1923年9月1日日本关东大地震（8.2级），在离震中100千米的东京，震后半小时内，有136处起火，全东京房子被烧掉2/3。在这次地震中毁坏的57万所房屋中有44万所是被大火烧掉的，丧生的10万多人中有5万多人是被大火烧死的。1933年8月25日在四川叠溪发生的7.5级地震造成水灾。地震导致崩塌下来的岩土体堵塞岷江，形成4个地震堰塞湖。震后45天，湖水堵体溃决，造成下游水灾，洪水纵横泛滥，长达500千米，冲毁房屋难以计算，有2万多人被淹，5万多亩农田被冲毁。

地震预报是人类与地震灾害作斗争的一项重要工作，是防震抗震的依据。地震预报应该包括何时、何地及震级大小三个方面。对于后两者，根据发生地震的地质条件的调查并结合历史地震的分析，可以获得较好的认识。通常是编制出全国或地方性地震区域划分图，把地震危险区划分出来，标明地震带的分布和各个地方未来地震的最大烈度值，从而推测地震可能发生的地点和强度。研究未来地震发生的时间，应包括中长期和短期（或临震）预报。地震的区域划分实际上是一种地震的中长期预报。

临震预报是一项非常艰巨的任务，目前主要是通过地震前兆的分析进行研究的。因为地震是由于地下的地应力高度集中后使岩石或岩块发生快速破裂并释放能量而产生的。岩层或岩体在地应力作用下，应变能逐渐积累，当其达到一定量值时，会引起震源区的物质发生一系列的物理、化学等异常变化，即地震前兆现象，包括地形形变、前震（大地震之前的一系列小震）、地下水、地磁、地电、地温及气象和生物等方面的异常反映。1975年2月4日辽宁海城地震，是我国临震预报成功的实例。在主震前3天，小震达527次，同时地下水、地磁、地电等也有明显异常，据此成功地预报了海城地震。然而很多破坏性地震并无明显的前兆现象，这正是临震预报的困难所在。

地震已被联合国教科文组织列为世界上仅次于洪水的第二种自然灾害。地震作为一种地质过程人类尚无法控制。预测地震，减少地震灾害所造成的损失，是一项艰巨而繁重的任务，目前还只是处于探索阶段。

2.火山喷发

近500年来，约20万人因火山喷发而遇难。火山活动以多种形式造成伤亡和破坏，包括熔浆流、灼热的火山灰流、蒸汽喷发以及火山爆发引起的地震、海啸、气候变化、火山灰的降落和火山泥流等。由于火山喷发往往突然发生，特别是猛烈式的火山喷发，常常造成极大的灾难。如1883年印度尼西亚的喀拉喀托火山爆发，同时引起了强烈的地震和海啸，毁坏了原有岛屿的2/3，死亡约5万人。火山爆发后，喀拉喀托岛被厚达30米的熔岩和火山灰所覆盖，一切生命活动都结束了。

火山除了以固态、液态喷出物造成损害外，还以有毒气体危害人畜。在俄罗斯堪察加半岛上一个火山正在活动的山谷中，常可见到熊、狐狸、老鼠等野生动物的尸体。这是由于该山谷地形低洼，二氧化硫等有毒气体多靠近地面聚积，容易造成动物因窒息而死亡。

近几十年来，随着科学的发展，人们已逐步掌握了火山活动的规律，火山灾害在一定程度上可作预测和预防。宁静式火山喷发，已经可以有把握地对其进行监测和预报，因而危害不大。猛烈式火山喷发一次危险活动期的开始可以通过地震仪、地倾斜仪、温度监测器和气体探测器等提出预报。如果气体喷出量越来越多，硫质成分越来越浓，温度越来越高，这就表明大规模火山喷发即将发生。通过地震监测也可进行火山预报，如美国夏威夷群岛的莫纳罗亚火山，1959年8月开始发生一连串小地震，当年11月就发生了一次巨大的火山喷发。1980年美国西部圣海伦斯火山猛烈爆发，由于科学家事先作了预报，当地政府及时疏散了居民、关闭了旅游区，因此爆发时没有造成人员伤亡。

火山会给人类带来灾难，但在许多方面也会给人类带来好处。火山灰可使土壤疏松，富含水分，有利于植物生长。火山熔岩和其他火山物质经风化后，常成为肥沃的土壤。在火山活动地区往往有丰富的地热资源。在火山岩地区常分布着多种矿床，据统计，在我国火山岩地区已探明的铜矿和铁矿储量分别占全国总储量的28%和6%以上。火山灰和熔岩还可广泛用于生产建筑材料。火山还往往成为风景胜地，如闻名世界的日本富士山等。

（二）崩塌、滑坡和泥石流

斜坡上的岩、土块体在重力作用下，由于自身重量及某些外因（如地震、人工爆破、暴雨等）的触发，沿着斜坡下移或坠落的作用，称为块体运动。块体运动可以分为崩塌、滑坡和泥石流三种类型，它们都会给人类造成程度不同的灾害。

1.崩塌

陡坡上的岩、土体在重力作用下，突然、迅速地向坡下垮落的现象，称为崩塌。规模巨大的岩体或山体发生崩塌称为山崩。崩塌时块体运动速度一般为5～200米/秒。崩塌往往发生在很陡的斜坡地带，如具悬崖的峡谷地带或海、湖岸地带，坡度常大于60°～70°。这些陡坡通常由坚硬而裂隙发育的岩石组成，尤其在垂直节理发育或层理、劈理的倾向与坡向一致的地方更易发生崩塌。崩塌发生的过程，是岩石中已有的构造裂隙和释压裂隙随着风化作用的不断进行而进一步扩大和发展，使陡坡处于极不稳定状态，一旦遇到地震、暴雨或不合理地开挖坡脚、地下采空等因素的触发，岩体即发生崩塌。崩塌下来的岩土体堆积于山麓地带，主要为粗碎屑物，棱角明显，大小混杂。

山崩或大规模崩塌会严重破坏铁路、公路、矿山、村镇和良田，危及人民生命财产安全，造成巨大灾害。1983年3月29日在云南马关县山车乡老皮丫口，千吨巨石从200米高的后山崩塌下来，击毁民房36间，死亡6人，伤15人，还砸死一些家禽和牲口，掩埋粮食3万多千克。

2.滑坡

滑坡是指斜坡上的土体或岩体在重力作用和其他因素的影响下，沿着一定的软弱面或软弱带整体地向下滑动。滑坡由滑坡体、滑动面（带）、滑床、滑动台阶和滑坡壁等组成。滑坡体是整体下滑的岩土体，以其体积大小来表示滑坡的规模。滑坡体移动时与不动体之间形成一个界面并沿其下滑，此界面叫滑动面。滑动面以下的不动体叫滑床。任一滑坡都具有滑坡体、滑动面、滑床这三个要素。

滑坡一般发生在以黏土质为主的土层或泥质岩及其变质岩的分布区。滑动面大多沿着岩层面、破裂面或透水层与不透水层之间的分界面发育。冲刷形成的陡岸或人工开挖的陡坎最易形成滑坡。地震、降雨和融雪等是诱发滑坡的重要因素。地震不仅破坏斜坡上岩土体的内部结构，而且会产生新的软弱面或促使原有的软弱面重新活动。雨水和雪水渗入岩土体的孔隙或裂隙中，使岩土的抗剪强度降低，并且造成地下水位抬升而对滑坡体产生浮托作用，降低抗滑力。因此常有“大雨大滑，小雨小滑，无雨不滑”的现象。

滑坡的形成过程，从初期的岩土体缓慢蠕动至快速滑动一般需较长时间，有的历时几个月或几年；但也有突然爆发的滑坡。滑动速度通常较缓慢，但滑动中期中可出现短时间的剧滑阶段，速度可达每秒几十米。

大规模的滑坡常常掩埋村镇、摧毁厂矿、中断交通、堵塞江河、破坏农田、毁坏森林。1983年3月7日傍晚，甘肃东乡洒勒山南坡发生了国内罕见的超大型滑坡，在一两分钟内形成了一个面积约1.4平方千米、体积约5×10^7立方米的滑坡体。滑坡体带着刺耳的呼啸声，以30米/秒的高速度扑向山脚，毁坏耕地2500亩、灌溉设施4处、公路及高压电线1.3千米长，掩埋致死237人、重伤27人。1985年6月12日发生于长江西陵峡北岸的一次滑坡将位于江边的新滩镇尽行摧毁，幸好这次滑坡在发生前成功地进行了预报，故无人员伤亡。

3.泥石流

泥石流是突然爆发的、含有大量泥沙、石块等固体物质并具有强大破坏力的特殊洪流。形成泥石流的三个基本条件是：

①地势陡峻，流域面积大，山高沟深；

②有丰富的固体碎屑物质；

③在短时间内有充沛的水量。特大暴雨或连续降雨后的暴雨，都是触发泥石流的重要条件。在冰川发育区和积雪区，泥石流的爆发还与气候突然增温或雪崩有关。

泥石流中固体物质的体积含量一般大于15%，最多时可达80%；容重常大于1.3吨/立方米，最大时可达2.3吨/立方米。泥石流的流速通常为5～7米/秒，极快时可达70～80米/秒。由于泥石流容重大、流速快，因此不仅有极其强大的搬运能力，而且其侵蚀、搬运和沉积过程极为迅速。有些泥石流甚至可搬走重达数百吨、长径达数十米的巨砾。泥石流往往在较短时间内（几分钟至几小时），就可把几十万乃至几千万立方米的固体物质沿沟谷搬运至沟口，使周围地形顷刻间发生变化。由于泥石流具有突然爆发、历时短暂、来势凶猛、破坏性大的特点，因此经常冲毁耕地、破坏交通、堵塞河道、摧毁城镇和乡村，给人民生命财产造成巨大的损失。1981年7月9日凌晨，四川甘洛大渡河支流利子依达沟爆发了一次大型的灾害性泥石流。这场泥石流是由连日暴雨所触发的，固体物质输移量达84×10^4立方米，冲毁了沟口的铁路桥，有一列客车不幸与泥石流相遇，两辆机车、一节邮政车、一节客车及一批旅客被泥石流推淹入大渡河中，死亡275人，伤数十人，造成了我国铁路史上罕见的泥石流事故。这场泥石流还堵江断流达4小时，向上游回水5千米又造成严重的损失。

近十几年来，我国十分重视对崩塌、滑坡和泥石流的预报研究，包括研究它们的形成机制和时、空分布规律，建立技术档案，划分危险区和潜在危险区，在此基础上提出中、长期趋势预报；根据地质、地貌及水文地质、工程地质条件，结合水文、气象预报工作，并且借鉴经验教训，提出短期预报或即将发生的成灾预报，涉及灾害发生的时间、地点和滑坡、泥石流的规模等。对于崩塌、滑坡和泥石流的防治，要同时采用工程措施和生物措施。工程措施包括防护工程（护坡、挡墙）、跨越工程（桥梁）、穿过工程（隧道）等。生物措施就是要防止水土流失，进行植树造林、改良耕作技术和农牧业管理方式等。

（三）地面沉降和地面塌陷

地面沉降和地面塌陷都是地表高程下降，从而引起建筑物、道路、农田等的损坏。地面沉降和地面塌陷的产生除了有自然因素之外，主要是与人类活动有关，包括过度开采地下水、开挖固体矿产以及机械振动等等。

1.地面沉降

地面沉降是指主要在人为因素作用下，由于地壳表层土体-岩体压缩而导致区域性地面标高降低的一种地质现象。通常主要是由于不合理地开采地下流体（地下水、天然气和石油等）以及地面建筑物负荷过重引起的。土体或岩体中流体的释出，使岩、土体的浮托力丧失或减小，岩、土体所承受的压力增大，固体颗粒之间的孔隙受压缩而变小，达到一定程度时就出现地面沉降。它具有形成发展缓慢、持续时间长、影响范围广、成因机制复杂和防治难度大的特点，是一种对城市建设、经济发展和人民生活构成威胁的地质灾害。

19世纪末至20世纪初，日本新潟、美国圣可塞和我国上海都发现了地面沉降现象。随着社会、经济的发展和城市化程度的提高，对地下水等的不合理开采加剧，地面沉降日益明显。目前，世界上已有50多个国家或地区发生地面沉降，较为严重的有美国、日本、墨西哥和意大利等。日本东京在1969～1971年地面沉降了60厘米，该市低于海平面的面积已达28.8平方千米，部分地面已沉降到海平面以下3米。我国已有50多座城市发生地面沉降，比较严重的是上海、天津、台北、西安、宁波和苏州等。上海市从1921年开始发现地面下沉，到1965年最大累计沉降量已达2.63米，影响范围达400平方千米。天津市在1959～1982年间最大累计沉降量为2.15米，沉降量大于100毫米的范围达几百平方千米。

地面沉降使码头下沉，防洪堤、防潮堤标高降低，输水管、桥梁变形与损坏，河流泄洪能力减弱，地下管道折断或位移，建筑物下沉或倾斜，产生地面裂缝等。对于沿海城市，地面沉降还会使城市面临被海水淹没的危险，或造成海水倒灌，即海水侵入到地下水中，使土壤盐碱化、沼泽化。

目前预防或控制地面沉降的根本方法就是要合理地开发利用城市的地下水资源，表现在以下几个方面：

①减少地下水的开采量；

②调整地下水的开采层次，可将开采上部含水层转向下部含水层；

③人工回灌地下含水层，以提高地下水位，达到缓和沉降速率的效果；

④利用地下水的采、灌数学模型，采用最佳的地下水采灌量方案。

2.地面塌陷

地面塌陷是指地表岩、土体在自然或人为因素作用下，向下陷落，并在地面形成塌陷坑洞的一种地质现象。根据塌陷区是否有岩溶发育，可分为岩溶地面塌陷和非岩溶地面塌陷。前者发育在隐伏岩溶地区，是由于岩溶洞隙上方岩、土体产生陷落而形成的地面塌陷；后者根据塌陷区岩、土体的性质又可分为黄土塌陷、火山熔岩塌陷和冻土塌陷等类型。

塌陷使大量的建筑物变形、倒塌、道路坍塌、田地毁坏、水井干枯、风景点破坏等，给城市建设和人民生活造成了很大的损失。以贵州水城的地面塌陷最为典型和强烈。水城因水城钢铁厂水源地中16口水井大量抽取地下水，在约5平方千米的范围内，产生塌陷坑1023个，导致89座房屋开裂或倒塌，道路塌裂，电杆倒塌，423亩农田毁坏等。

人类活动会促使地面塌陷的形成和发展。不合理的或强度过大的人类活动都有可能诱发和导致地面塌陷，这些活动主要有矿区地下采空、地下工程排水、过量抽采地下水、人工蓄水、加载、振动及地表渗水等。对地面塌陷的监测应包括长期监测和前兆现象监测。长期连续地监测地面、建筑物的变形和水点（井、泉等）的水量、水态变化以及地下洞穴分布及其发展状况等，对于掌握塌陷的形成发展规律，提早预防和治理是十分必要的。塌陷前兆现象包括抽、排地下水引起泉水干枯、人工蓄水引起地面冒气泡、建筑物发出响声或倾斜、地面环形开裂、水点的水量、水位突变及动物惊恐异常等，及时发现这些现象并作出预报，对减轻灾害损失具有重要的意义。

（四）土壤流失和沙漠化

土壤流失和沙漠化都是对土地的破坏过程，它们的产生既有人为因素，又有自然因素。人为因素表现为乱砍滥伐、不合理的垦荒种植、过度放牧等活动对植被的破坏，从而使地表失去保护层。自然因素对于土壤流失来说，包括暴雨、陡峻的地形、风力及重力作用等；对于沙漠化，包括气候干旱、强大的风力及地面组成物质松散等。

1.土壤流失

土壤流失是指土壤或土体在水力、风力和重力作用下被冲刷、剥蚀和吹失的现象，其中以水的侵蚀（即水土流失）最为显著。土壤是一个国家和民族以至全人类的巨大财富，但土壤资源正遭到严重破坏。据估计，美国每年因土壤流失使农业生产大约损失10亿美元。我国的土壤流失情况也相当严重，特别是黄河流域。据估计，全国水土流失面积已扩大到1.5×10^6平方千米，接近全国土地面积的1/6，每年流失土壤50亿吨。

土壤流失的损失不只是对耕地而已。土壤流失还造成大量的泥沙在小溪、河流、运河或者水库中淤积起来，影响航运、灌溉，减少发电量，使水库过早降低效益甚至报废，产生巨大的经济损失。土壤流失还会促使生态系统恶化。随着植被遭受破坏后土壤侵蚀的发展，土壤生态将发生剧烈变化，如土壤层变薄、肥力降低、含水量减少、热量状况变劣等，逐步失去生长植物、保蓄水分的能力，从而影响调节气候、水分循环等功能。

要防治土壤流失、搞好水土保持，必须扭转重工程轻生物、重治沟轻治坡、重治下游忽视上游的不良倾向。实行生物措施与工程措施相结合，以生物措施为主、沟坡兼治、上下游兼治的方针，按流域进行统一规划综合治理。实践证明，造林种草、建设植被是投资少、见效快、收益大的优先措施。

2.沙漠化

沙漠化是指原来的非沙漠地区出现以风沙活动为主要特征的类似沙漠景观的环境改变过程。世界土地沙漠化日趋严重，据统计，地球上每年有600万公顷的土地变为沙漠，即每分钟就有10公顷的土地被沙漠吞噬。全世界有90多个国家不同程度地受到沙漠化的危害。非洲撒哈拉大沙漠目前正以每年约6千米的速度向南扩展，近50年来扩大了6500万公顷。我国也面临着严重的土地沙漠化问题。我国“三北”（即西北、华北、东北）地区已经沙漠化的土地面积约17.6×10^4平方千米，其中历史上早已形成的为12×10^4平方千米，近半个世纪以来主要由于人类经济活动形成的有5.6×10^4平方千米。此外，还有15.8×10^4平方千米的土地存在潜在沙漠化的危险。受沙漠化影响的人口达5000余万人，涉及三北地区11个省（区）的212个县（旗）市，近400万公顷的旱农田和500万公顷的草场受到影响。

沙漠化的防治，首先必须控制人口增加，特别要把重点放在降水较少的地区；其次，使牲畜头数的密度与土地载畜能力维持在适当的水平上；再次，迅速制止不明智的采伐柴薪，要发展其他燃料或者利用太阳能。与此同时，要以人工和自然途径恢复植被，人工种植抗旱的灌木丛和乔木。现在，对于风沙环境的恢复已取得了一些经验和成果。例如，我国黄土高原北部的榆林地区长期植树造林，种草治沙，气候条件得到明显改善，平均风速降低49%，如今该区已是“风沙退，农牧兴”的一片繁荣兴旺景象。近10多年来，我国三北防护林工程建设产生了显著效益，在防止流沙侵蚀、保护草原和耕地等方面取得了很大的成绩。

三、防治知识

（一）发生前兆

崩塌前兆是：崩塌的前缘不断发生掉块、坠落、小崩小塌的现象；崩塌的脚部出现新的破裂形迹；不时偶然听到岩石的撕裂摩擦声；出现热、气、地下水异常；动物出现异常。

滑坡前兆是：滑坡前缘出现横向及纵向裂缝，前缘土体出现隆起现象；滑体后缘裂缝急剧加宽加长，新裂缝不断产生，滑坡体后部快速下座，四周岩土体出现松动和小型塌滑现象；滑带岩土体因摩擦错动出现声响，并从裂缝中冒出气或水；在滑坡前缘坡角处，有堵塞的泉水复活或泉水、井水突然干涸；动物出现惊恐异常现象；滑坡体上的观测点明显位移；滑坡前缘出现鼓丘；房屋倾斜、开裂和出现醉汉林、马刀树等。

地面塌陷的前兆：泉、井的异常变化；地面变形；建筑物作响、倾斜、开裂；地面积水引起地面冒气泡、水泡、旋流等；植物变态；动物惊恐。

滑坡、崩塌、泥石流三者除了相互区别外，常常还具有相互联系、相互转化和不可分割的密切关系。

泥石流发生的前兆是：沟内有轰鸣声，主河流水上涨和正常流水突然中断。动植物异常，如猪、狗、牛、羊、鸡惊恐不安，不入睡，老鼠乱窜，植物形态发生变化，树林枯萎或歪斜等现象。

如发现上述的一些征兆，尤其是发现山体出现裂缝，则可能存在发生崩塌、滑坡的隐患，长期降雨或暴雨则可能诱发泥石流。

（二）应急避险

避免受灾对象与致灾作用遭遇。分为主动和被动两种情况，就是指主动的躲避与被动式的撤离。对于处于危险区的工程及人员，所采用的方法是：预防、躲避、撤离、治理，这四个环节每一个都含有很大的防灾减灾的机会。

躲避泥石流不应顺沟向下游跑，应向沟岸两侧跑，但不要停留在凹坡处。

（三）简易监测方法

地质灾害简易监测，是指借助于简单的测量工具、仪器装置和量测方法，监测灾害体、房屋或构筑物裂缝位移变化的监测方法。

1.一般常用监测方法

（1）埋桩法

埋桩法适合对崩塌、滑坡体上发生的裂缝进行观测。在斜坡上横跨裂缝两侧埋桩，用钢卷尺测量桩之间的距离，可以了解滑坡变形滑动过程。对于土体裂缝，埋桩不能离裂缝太近。

（2）埋钉法

在建筑物裂缝两侧各钉一颗钉子，通过测量两侧两颗钉子之间的距离变化来判断滑坡的变形滑动。这种方法对于临灾前兆的判断是非常有效的。

（3）上漆法

在建筑物裂缝的两侧用油漆各画上一道标记，与埋钉法原理是相同的，通过测量两侧标记之间的距离来判断裂缝是否存在扩大。

（4）贴片法

横跨建筑物裂缝粘贴水泥砂浆片或纸片，如果砂浆片或纸片被拉断，说明滑坡发生了明显变形，须严加防范。与上面三种方法相比，这种方法不能获得具体数据，但是，可以非常直接地判断滑坡的突然变化情况。

地质灾害群测群防监测方法除了采用埋桩法、贴片法和灾害前兆观察等简单方法外，还可以借助简易、快捷、实用、易于掌握的位移、地声、雨量等群测群防预警装置和简单的声、光、电警报信号发生装置，来提高预警的准确性和临灾的快速反应能力。

2.监测次数和时间

旱季每15天监测一次。雨季（4～9月）每5天监测一次（如每月5日、10日、15日、20日、25日、30日），如发现监测地质灾害点有异常变化或在暴雨、连续降雨天气时，特别是12小时降雨量达50毫米以上时，应加密监测次数，如每天1次或多次，甚至昼夜安排专人监测。

（四）滑坡监测

滑坡是一种山区建设中常见的不良地质现象，是一种斜坡变形形式，主要发生在山地、丘陵地区的斜坡上。对滑坡的含义，一般有两种说法：一是广义的，即把斜坡岩体顺坡向下滑移的一切现象，统称为滑坡。它包括崩塌和泥石流等；另一种是比较严谨的，在一定的地形地质条件下，由于外界条件的变化，各种自然或人为的因素影响（例如长期受水浸润，削弱山体下部支撑力量等），破坏了岩体的力学平衡，使山坡上的不稳定岩体在重力作用下，沿着一定的软弱面作整体的、缓慢的、间歇性的向下滑动的不良地质现象，称之为滑坡。传统的大地精密测量法、GPS 法以及近景摄影测量法等滑坡监测方法已得到了广泛应用，并在某些方面取得了显著成效，但这些常规技术方法往往会受到气候与地形的限制，且连续观测能力较差，实施困难较大，在观测条件复杂地区都存在着一定的局限性。而利用遥感技术克服了地形、气候、观测条件的限制，可以实现大范围的滑坡区域调查以及针对滑坡不同阶段实行动态监测，因此引入遥感技术进行滑坡监测是非常意义的。遥感用于滑坡监测的研究主要可分为三个方面内容滑坡探测与识别；滑坡时间和空间上的动态监测；结合 GIS（地理信息系统）技术的空间分析和灾害预测。调查的方法主要有：

1.直接解译

滑坡的探测与识别通常都采用航片或高分辨率卫星影像进行判读，识别出滑坡的鉴别特征，如泥石流引发的沉积物堆积、地貌地形、冰川退缩及冰舌的位移、岩层断裂等。

2.动态对比

滑坡的监测可通过检测多时相卫星影像上滑坡前后的土地利用变化来定位滑坡，然后通过对比不同时期的滑坡条件，如滑坡范围、移动速度、地表形态、土壤湿度，进行滑坡动态监测。

3.干涉雷达监测

目前，滑坡动态监测或制图大部分已经采用了 InSAR（合成孔径雷达干涉测量技术）或 D-InSAR（差分合成孔径雷达干涉测量技术）。如采用ERS（欧洲遥感卫星）数据生成干涉DEM（数字高程模型），并利用获取的地面控制点改进地理编码和高程值，获取地理编码垂直高程变化图。由此，辨识出边坡的位移，证明其不稳定，在滑坡真正发生之前进行预测。然后，从滑坡堆积带的影像中，分别选出三个主要为粗略纹理、中等纹理以及细碎片的不同区域，进行局部直方图分析，量测影像纹理，进一步找出滑坡碎片的大小及分布。

项目十　中国的自然地理环境特点

任务一　地理位置和疆域

中国地处欧亚大陆东部，东临太平洋与韩国、朝鲜、日本等国隔海相望，北邻蒙古、俄罗斯、哈萨克斯坦等国，西与吉尔吉斯斯坦、塔吉克斯坦、阿富汗、克什米尔、巴基斯坦相连，西南以喜马拉雅山脉为界与印度、尼泊尔、不丹等国相邻，南与缅甸、老挝、越南等国毗邻。地理坐标介于：北纬30°52′～53°31′，东经73°40′～135°05′间，陆地面积960万平方千米，居世界第三位，海陆疆界达40000千米，陆界22000千米，海域大陆岸线18000千米，岛屿岸线14000千米。古丝绸之路、现欧亚大陆桥贯通中国和欧洲。

任务二　地形地貌

一、概况

中国地势西高东低，山地、高原和丘陵约占陆地面积的67%，盆地和平原约占陆地面积的33%。地形的主要特征是：

（1）地形多种多样：在中国辽阔的大地上，有雄伟的高原、起伏的山岭、广阔的平原、低缓的丘陵，还有四周群山环抱、中间低平的大小盆地。陆地上的5种基本地形类型，中国均有分布，这为中国工农业的发展提供了多种多样的条件。

（2）山区面积广大：通常人们把山地、丘陵和比较崎岖的高原称为山区。中国山区面积占全国总面积的2/3，这是中国地形的又一显著特征。山区面积广大，给交通运输和农业发展带来一定困难，但山区可提供林产、矿产、水能和旅游资源，为改变山区面貌、发展山区经济提供了资源保证。

（3）地势西高东低：呈阶梯状分布地势是地表高低起伏的总趋势。中国地势西高东低，大致呈阶梯状分布。

二、分述

中国地势西高东低，大致呈阶梯状分布：

地势的第一级阶梯是青藏高原，平均海拔在4000米以上。其北部与东部边缘分布有昆仑山脉、祁连山脉、横断山脉，是地势一、二级阶梯的分界线。

地势的第二级阶梯上分布着大型的盆地和高原，平均海拔在1000～2000米之间，其东面的大兴安岭、太行山脉、巫山、雪峰山是地势二、三级阶梯的分界线。

地势的第三级阶梯上分布着广阔的平原，间有丘陵和低山，海拔多在500米以下。

如果通过北纬32°线，自西向东作一幅中国地形剖面图，从西部的大高原，到中部的盆地，再到东部平原，西高东低，呈阶梯状逐级下降的地势特点十分明显。

从中国陆地的第三级阶梯继续向海面以下延伸，就是浅海大陆架，这是大陆向海洋自然延伸的部分，一般深度不大，坡度较缓，海洋资源丰富。

山脉多呈东西和东北—西南走向，主要有阿尔泰山、天山、昆仑山、喀喇昆仑山、喜马拉雅山、阴山、秦岭、南岭、大兴安岭、长白山、太行山、武夷山、台湾山脉和横断山等山脉。西部有世界上最高的青藏高原，平均海拔4000米以上，素有“世界屋脊”之称，珠穆朗玛峰海拔8844.43米，为世界第一高峰。在此以北以东的内蒙古、新疆地区、黄土高原、四川盆地和云贵高原，是中国地势的第二级阶梯。大兴安岭—太行山—巫山—武陵山—雪峰山一线以东至海岸线多为平原和丘陵，是第三级阶梯。海岸线以东以南的大陆架，蕴藏着丰富的海底资源。

几百万年前，青藏高原隆起，地球历史上此一重大地壳运动形成了中国的地貌。从空中俯瞰中国大地，地势就像阶梯一样，自西向东，逐渐下降。受印度板块与欧亚板块的撞击，青藏高原不断隆起，平均海拔4000米以上，号称“世界屋脊”，构成了中国地形的第一阶梯。高原上的喜马拉雅山主峰珠穆朗玛峰高达8844.43米，是世界第一高峰。第二阶梯由内蒙古高原、黄土高原、云贵高原和塔里木盆地、准噶尔盆地、四川盆地组成，平均海拔1000～2000米。跨过第二阶梯东缘的大兴安岭、太行山、巫山和雪峰山，向东直达太平洋沿岸是第三阶梯，此阶梯地势下降到500米至1000米以下，自北向南分布着东北平原、华北平原、长江中下游平原，平原的边缘镶嵌着低山和丘陵。再向东为中国大陆架浅海区，也就是第四级阶梯，水深大都不足200米。

任务三　河流水系

一、概述

中国河流湖泊众多，这些河流、湖泊不仅是中国地理环境的重要组成部分，而且还蕴藏着丰富的自然资源。中国的河湖地区分布不均，内外流区域兼备。中国外流区域与内流区域的界线大致是：北段大体沿着大兴安岭—阴山—贺兰山—祁连山（东部）一线，南段比较接近于200毫米的年等降水量线（巴颜喀拉山—冈底斯山），这条线的东南部是外流区域，约占全国总面积的2/3，河流水量占全国河流总水量的95%以上，内流区域约占全国总面积的1/3，但是河流总水量还不到全国河流总水量的5%。中国湖泊众多，但在地区分布上很不均匀。总的来说，东部长江中下游地区，分布着中国最大的淡水湖群；西部以青藏高原湖泊多为内陆咸水湖。

二、河流

中国是世界上河流最多的国家之一。中国有许多源远流长的大江大河。其中流域面积超过1000平方千米的河流就有1500多条。

中国的河流，按照河流径流的循环形式，有注入海洋的外流河，也有与海洋不相沟通的内流河。中国主要的河流见表10-1。

表 10-1　主要河流简表

河流名称	长度（千米）	流域面积（平方千米）	流量（立方米 / 秒）
外流河			
太平洋水系			
黑龙江	3420	1620170	8600

续表

河流名称	长度（千米）	流域面积（平方千米）	流量（立方米/秒）
松花江	1927	545000	2530
嫩 江	1089	283000	824
乌苏里江	890	187000	2000
绥芬河	254	10004	60
图们江	520	33168	268
鸭绿江	795	63788	1005
辽 河	1430	164104	302
滦 河	877	44945	149
海 河	1090	264617	717
黄 河	5500	752443	1820
洮 河	669	31400	172
外流河			
太平洋水系			
大黑河	274	13679	5.7
汾 河	695	39400	53
渭 河	818	107340	292
沂 河	322	11555	122
淮 河	1000	185700	1110
长 江	6300	1807199	31060
雅砻江	1500	129930	1800
大渡河	1070	90700	2033
岷 江	735	135788	2752
嘉陵江	1119	159710	2165
乌 江	1018	86815	1650
澧 水	372	18872	553
沅 江	1060	88815	2158
资 水	590	28899	797
湘 江	817	96738	2288
汉 水	1532	150710	1792
赣 江	744	82068	2054
钱塘江	494	54349	1484
瓯 江	338	17543	615
闽 江	577	60992	1980
九龙江	258	14741	446
韩 江	325	34314	942
浊水溪	186	3155	176
下淡水溪	159	3257	228
珠 江	2210	452616	11070
柳 江	730	54205	1521
郁 江	1162	90720	1700
桂 江	437	19025	569
北 江	468	38362	1260
东 江	523	25325	700

续表

河流名称	长度（千米）	流域面积（平方千米）	流量（立方米/秒）
鉴 江	211	9433	270
南渡河	340	6841	180
元 江	640	39840	634
澜沧江	2153	161430	2354
印度洋水系			
怒 江	2013	124830	2000
雅鲁藏布江	2057	240480	4425
北冰洋水系			
额尔齐斯河	546	50860	342
内流河			
乌伦古河	715	22032	35.6
伊犁河	441	65000	410
玛纳斯河	406	4056	40.5
阿克苏河	419	35871	195
塔里木河	2137	198000	
喀什噶尔河	507	11500	61.9
叶尔羌河	1037	48100	203
和田河	1090	28232	142
车尔臣河	527	18119	16.4
格尔木河	419	15477	23.5
疏勒河	540	20197	26.4

长江：长江发源于青海省西南部、青藏高原上的唐古拉山脉主峰各拉丹冬雪山，曲折东流，干流先后流经青海、四川、西藏、云南、重庆、湖北、湖南、江西、安徽、江苏、上海共11个省、自治区和直辖市，最后注入东海。全长6300千米，是中国第一大河，也是亚洲最长的河流，世界第三大河。流域面积180多万平方千米，约占全国总面积的1/5，年入海水量约10000亿立方米，占全国河流总入海水量的1/3以上。它流经中国青藏高原、横断山区、云贵高原、四川盆地、长江中下游平原，流域绝大部分处于湿润地区

黄河：黄河发源于青海省中部，巴颜喀拉山北麓，流经青海、四川、甘肃、宁夏、内蒙古、山西、陕西、河南、山东9个省、自治区，注入渤海，全长5500千米，是中国第二大河。流域面积75万多平方千米，流经中国青藏高原、内蒙古高原、黄土高原、华北平原，以及干旱、半干旱、半湿润区。

珠江：珠江是中国南方最大的河流，其干流西江发源于云南东部。珠江流经云南、贵州、广西、广东入南海，全长2210千米，流域在中国境内44.25万平方千米。主要有西江、北江、东江三大支流水系，北江与东江基本上都在广东境内，三江水系在珠江三角洲汇集，形成纵横交错、港汊纷杂的网状水系。

京杭运河：中国除天然河流外，还有许多人工开凿的运河，其中有世界

上开凿最早、最长的京杭运河。京杭运河北起北京、南到杭州，纵贯京津两市和冀、鲁、苏、浙4省，沟通海河、黄河、淮河、长江、钱塘江五大水系，全长1801千米，是中国历史上与万里长城齐名的伟大工程。从开凿至今已有2000多年的历史，对沟通中国南北交通曾起过重大的作用，但过去由于不加保养，许多河段已断航。新中国成立后，对运河进行了整治，目前江苏、浙江两省境内的河段，仍是重要的水上运输线。同时，运河还发挥灌溉、防洪、排涝等综合作用。在“南水北调”东线工程中，它又被用作长江水源北上的输水渠道。

三、湖泊

中国湖泊众多（见表10-2），共有湖泊24800多个，其中面积在1平方千米以上的天然湖泊就有2800多个。湖泊数量虽然很多，但在地区分布上很不均匀。总的来说，东部季风区，特别是长江中下游地区，分布着中国最大的淡水湖群；西部以青藏高原湖泊较为集中，多为内陆咸水湖。

表10-2　主要湖泊

湖名	所在省区	面积（平方千米）	湖面高程（米）
青海湖	青海	4583	3196
鄱阳湖	江西	3583	21
洞庭湖	湖南	2740	33.5
太湖	江苏	2425	3.1
呼伦池	内蒙古	2315	545.5
洪泽湖	江苏	1960	12.3
纳木错	西藏	1940	4718
色林错	西藏	1640	4530
南四湖	山东	1266	35.5 ～ 37.0
博斯腾湖	新疆	1019	1048

外流区域的湖泊都与外流河相通，湖水能流进也能排出，含盐分少，称为淡水湖，也称排水湖。中国著名的淡水湖有鄱阳湖、洞庭湖、太湖、洪泽湖、巢湖等。

内流区域的湖泊大多为内流河的归宿，湖水只能流进，不能流出，又因蒸发旺盛，盐分较多形成咸水湖，也称非排水湖，如中国最大的湖泊青海湖以及海拔较高的纳木错湖等。

中国的湖泊按成因有河迹湖（如湖北境内长江沿岸的湖泊）、海迹湖（如西湖）、溶蚀湖（如云贵高原区石灰岩溶蚀所形成的湖泊）、冰蚀湖（如青藏高原区的一些湖泊）、构造湖（如青海湖、鄱阳湖、洞庭湖、滇池等）、火口湖（如长白山天池）、堰塞湖（如镜泊湖）等。

任务四　气象水文

一、概述

中国自南向北，从温度带划分看，分为热带、亚热带、暖温带、中温带、寒温带和青藏高原区。

中国年降水量空间分布的规律是：从东南沿海向西北内陆递减。各地区差别很大，大致是沿海多于内陆，南方多于北方，山区多于平原，山地中暖湿空气的迎风坡多于背风坡。在淮河—秦岭—青藏高原东南边缘一线东南降水量大于800毫米等；在大兴安岭—张家口—兰州—拉萨—喜马拉雅山东南端一线西北降水量小于400毫米，塔里木盆地年降水量少于50毫米，是中国的“旱极”；中国东南部有些地区降水量在1600毫米以上，台湾东部山地可达3000毫米以上，是中国的“雨极”。

中国各地干湿状况差异很大，共划分为4个干湿地区：湿润区、半湿润区、半干旱区和干旱区。西部和西北部为干旱区，东南部为湿润区。

从干湿地区划分看，有湿润地区、半湿润地区、半干旱地区、干旱地区之分。而且同一个温度带内，可含有不同的干湿区；同一个干湿地区中又含有不同的温度带。因此在相同的气候类型中，也会有热量与干湿程度的差异。地形的复杂多样，也使气候更具复杂多样性。中国划分了5个温度带和一个特殊的青藏高原区。不同的温度带内热量不同，生长期长短不一，耕作制度和作物种类也有明显差别。在中国大兴安岭—阴山—贺兰山—巴颜喀拉山—冈底斯山连线以西以北的地区，夏季风很难到达，降水量很少，故唐诗中有“羌笛何须怨杨柳，春风不度玉门关”的名句。习惯上我们把夏季风可以控制的地区称为季风区，夏季风势力难以到达的地区称为非季风区。

气候的特征：

（1）气候复杂多样

中国幅员辽阔，跨纬度较广，距海远近差距较大，加之地势高低不同，地形类型及山脉走向多样，因而气温降水的组合多种多样，形成了多种多样的气候。从气候类型上看，东部属季风气候（又可分为热带季风气候、亚热带季风气候、温带季风气候），西北部属温带大陆性气候，青藏高原属高寒气候。从温度带划分看，有热带、亚热带、暖温带、中温带、寒温带和青藏高原区。从干湿地区划分看，有湿润地区、半湿润地区、半干旱地区、干旱地区之分。而且同一个温度带内，可含有不同的干湿区；同一个干湿地区中又含有不同的温度带。因此在相同的气候类型中，也会有热量与干湿程度的差异。地形的复杂多样，也使气候更具复杂多样性。

（2）季风气候显著

中国的气候具有夏季高温多雨、冬季寒冷少雨、高温期与多雨期一致的季风气候特征。由于中国位于世界最大的大陆——亚欧大陆东部，又在世界最大的大洋——太平洋西岸，西南距印度洋也较近，因之气候受大陆、大洋的影响非常显著。冬季盛行从大陆吹向海洋的偏北风，夏季盛行从海洋吹向陆地的偏南风。冬季风产生于亚洲内陆，性质寒冷、干燥、在其影响下，中国大部地区冬季普遍降水少，气温低，北方更为突出。夏季风来自东南面的太平洋和西南面的印度洋，性质温暖、湿润、在其影响下，降水普遍增多，雨热同季。中国受冬、夏季风交替影响的地区广，是世界上季风最典型、季风气候最显著的地区。和世界同纬度的其他地区相比，中国冬季气温偏低，而夏季气温又偏高，气温年较差大，降水集中于夏季，这些又是大陆性气候的特征。因此中国的季风气候大陆性较强，也称作大陆性季风气候。

（3）气候条件的优势

复杂多样的气候，使世界上大多数农作物和动植物都能在中国找到适宜生长的地方，使中国农作物与动植物资源都非常丰富。例如玉米的故乡在墨西哥，引种到中国后却广泛种植，已成为中国重要的粮食作物之一。红薯最早引种在浙江一带，目前在全国普遍种植。中国季风气候显著的特征，也为中国农业生产提供了有利条件，因夏季气温高，热量条件优越，这使许多对热量条件需求较高的农作物，在中国种植范围的纬度远比世界上其他同纬度国家的偏高，例如水稻可在北纬52°的黑龙江省呼玛县种植。夏季多雨，高温期与多雨期一致，有利于农作物生长发育，例如中国长江中下游地区气候温暖湿润，物产富饶，是亚热带季风气候，而与之同纬度的非洲北部、阿拉伯半岛等地却多呈干旱、半干旱的荒漠景观。

中国气候虽然有许多方面有利于发展农业生产，但也有不利的方面，中国灾害性天气频繁多发，对中国生产建设和人民生活也常常造成不利的影响，其中旱灾、洪灾、寒潮、台风等是对中国影响较大的主要灾害性天气。

中国的旱涝灾害平均每年发生一次，北方以旱灾居多，南方则旱涝灾害均有发生。

在夏秋季节，中国东南沿海常常受到热带风暴——台风的侵袭。台风（热带风暴发展到特别强烈时称为台风）以6～9月最为频繁。

在中国的秋冬季节，来自蒙古、西伯利亚的冷空气不断南下，冷空气特别强烈时，气温骤降，出现寒潮。寒潮可造成低温、大风、沙暴、霜冻等灾害。

二、气温和温度带

（1）冬季气温的分布：

从1月等温线图可看出：0摄氏度等温线穿过了淮河—秦岭—青藏高原东南边缘，此线以北（包括北方、西北内陆及青藏高原）的气温在0摄氏度以下，其中黑龙江漠河的气温在-30摄氏度以下；此线以南的气温则在0摄氏度以上，其中海南三亚的气温为20摄氏度以上。因此，南方温暖，北方寒冷，南北气温差别大是中国冬季气温的分布特征。

这一特征形成的原因主要有：

纬度位置的影响冬季阳光直射在南半球，中国大部处于北温带，由太阳辐射获得的热量少，同时中国南北纬度相差达50摄氏度，北方与南方太阳高度差别显著，故造成北方大部地区气温低，且南北气温差别大。

冬季风的影响：冬季，从蒙古、西伯利亚一带常有寒冷、干燥的冬季风吹来，北方地区首当其冲，因此更加剧了北方严寒并使南北气温的差别增大。

（2）夏季气温的分布

从中国夏季7月等温线图上可以看出：除了地势高的青藏高原和天山等以外，大部地区在20摄氏度以上，南方许多地方在28摄氏度以上；新疆吐鲁番盆地7月平均气温高达32摄氏度，是中国夏季的炎热中心。所以除青藏高原等地势高的地区外，全国普遍高温，南北气温差别不大，是中国夏季气温分布的特征。

其形成原因有：夏季阳光直射点在北半球，中国各地获得的太阳光热普遍增多。加之北方因纬度较高，白昼又比较长，获得的光热相对增多，缩短了与南方的气温差距，因而全国普遍高温。

（3）中国的温度带

中国采用积温来划分温度带，当日平均气温稳定升到10摄氏度以上时，大多数农作物才能活跃生长，所以通常把日平均气温连续≥10摄氏度的天数叫生长期。把生长期内每天平均气温累加起来的温度总和叫积温。一个地区的积温，反映了该地区的热量状况。根据积温的分布，中国划分了五个温度带和一个特殊的青藏高原区。不同的温度带内热量不同，生长期长短不一，耕作制度和作物种类也有明显差别（见表10-3）。

表10-3　温度带的划分及耕作

温度带	≥10摄氏度积温	生长期（天）	分布范围	耕作制度	主要农作物
热带	>8000摄氏度	365	海南全省和滇、粤、台三省南部	水稻一年三熟	水稻、甘蔗、天然橡胶等
亚热带	4500～8000摄氏度	218～365	秦岭—淮河以南，青藏高原以东	一年二至三熟	水稻、冬麦、棉花、油菜等
暖温带	3400～4500摄氏度	171～218	黄河中下游大部分地区及南疆	一年一熟至两年三熟	冬麦、玉米、棉花、花生等
中温带	1600～3400摄氏度	100～171	东北、内蒙古大部分及北疆	一年一熟	春麦、玉米、亚麻、大豆、甜菜等
寒温带	<1600摄氏度	<100	黑龙江省北部及内蒙古东北部	一年一熟	春麦、马铃薯等
青藏高原区	<2000摄氏度（大部分地区）	0～100	青藏高原	部分地区一年一熟	青稞等

三、中国的干湿地区（湿度）

干湿状况是反映气候特征的标志之一，一个地方的干湿程度由降水量和蒸发量的对比关系决定，降水量大于蒸发量，该地区就湿润，降水量小于蒸发量，该地区就干燥。干湿状况与天然植被类型及农业等关系密切。中国各地干湿状况差异很大，共划分为4个干湿地区：湿润区、半湿润区、半干旱区和干旱区（见图10-4）。

表 10-4　干湿地区的划分

	年降水量（毫米）	干湿状况	分布地区	植被	土地利用
湿润区	>800	降水量 > 蒸发量	秦岭—淮河以南、青藏高原南部、内蒙古东北部、东北三省东部	森林	以水田为主的农业
半湿润区	>400	降水量 > 蒸发量	东北平原、华北平原、黄土高原大部、青藏高原东南部	森林—草原	旱地为主的农业
半干旱区	<400	降水量 < 蒸发量	内蒙古高原、黄土高原的一部分、青藏高原大部	草原	草原牧业、灌溉农业
干旱区	<200	降水量 < 蒸发量	新疆、内蒙古高原西部、青藏高原西北部	荒漠	高山牧业、绿洲灌溉农业

四、水文

（1）降水和干湿地区

年降水量的空间分布：从中国年降水量分布图可看出：800毫米等降水量线在淮河—秦岭—青藏高原东南边缘一线；400毫米等降水量线在大兴安岭—张家口—兰州—拉萨—喜马拉雅山东南端一线。塔里木盆地年降水量少于50毫米，其南部边缘的一些地区降水量不足20毫米；吐鲁番盆地的托克逊平均年降水量仅5.9毫米，是中国的“旱极”。中国东南部有些地区降水量在1600毫米以上，台湾东部山地可达3000毫米以上，其东北部的火烧寮年平均降水量达6000毫米以上，最多的年份为8408毫米，是中国的“雨极”。

中国年降水量空间分布的规律是：从东南沿海向西北内陆递减。各地区差别很大，大致是沿海多于内陆，南方多于北方，山区多于平原，山地中暖湿空气的迎风坡多于背风坡。

（2）降水量的时间变化

中国降水量的时间变化表现在两个方面，即：季节变化和年际变化。

季节变化是一年内降水量的分配状况。中国降水的季节分配特征是：南方雨季开始早，结束晚，雨季长，集中在5～10月；北方雨季开始晚，结束早，雨季短，集中在7月、8月。全国大部分地区夏秋多雨，冬春少雨。

年际变化是年与年之间的降水分配情况。中国大多数地区降水量年际变化较大，一般是多雨区年际变化较小，少雨区年际变化较大；沿海地区年际变化较小，内陆地区年际变化较大。而以内陆盆地年际变化最大。

（3）季风活动与季风区

中国降水在空间分布与时间变化上的特征，主要是由于季风活动影响形成的。发源于西太平洋热带海面的东南季风和赤道附近印度洋上的西南季风把温暖湿润的空气吹送到中国大陆上，成为中国夏季降水的主要水汽来源。

在夏季风正常活动的年份，每年4月、5月暖湿的夏季风推进到南岭及其以南的地区。广东、广西、海南等省区进入雨季，降水量增多。

6月夏季风推进到长江中下游，秦岭—淮河以南的广大地区进入雨季。这时，江淮地区阴雨连绵，由于正是梅子黄熟时节，故称这种天气为梅雨天气。

7月、8月夏季风推进到秦岭—淮河以北地区，华东、东北等地进入雨季，降水明显增多。9月间，北方冷空气的势力增强，暖湿的夏季风在它的推动下向南后退，北方雨季结束。10月，夏季风从中国大陆上退出，南方的雨季也随之结束。

在中国大兴安岭—阴山—贺兰山—巴颜喀拉山—冈底斯山连线以西以北的地区，夏季风很难到达，降水量很少，故唐诗中有“羌笛何须怨杨柳，春风不度玉门关”的名句。习惯上我们把夏季风可以控制的地区称为季风区，夏季风势力难以到达的地区称为非季风区。

任务五　水资源

人多水少，水资源时、空分布不均是我国水资源的主要特点。尽管我国多年平均水资源总量为2.8万亿立方米，居世界第六位，但人均水资源占有量仅为2185立方米，不足世界平均水平的1/3，其中黄河、淮河、海河等流域人均占有量更低。水资源的时间分布极不均衡，大部分地区每年汛期4个月的降水量占全年的60%～80%，容易形成春旱夏涝。水资源的空间分布也很不均衡，与我国人口、土地、经济布局不相匹配，北方地区人口占47%、耕地占65%、GDP占45%，但水资源仅占19%。

河流和湖泊是中国主要的淡水资源。因此，河湖的分布、水量的大小，直接影响着各地人民的生活和生产。中国人均径流量为2200立方米，是世界人均径流量的24.7%。各大河的流域中，以珠江流域人均水资源最多，人均径流量约4000立方米。长江流域稍高于全国平均数，约为2300～2500立方米。海滦河流域是全国水资源最紧张的地区，人均径流量不足250立方米。

中国水资源的分布情况是南多北少，而耕地的分布却是南少北多。比如，中国小麦、棉花的集中产区——华北平原，耕地面积约占全国的40%，而水资源只占全国的6%左右。水、土资源配合欠佳的状况，进一步加剧了中国北方地区缺水的程度。

中国水能资源蕴藏量达6.8亿千瓦，居世界第一位。70%分布在西南四省、市和西藏自治区，其中以长江水系为最多，其次为雅鲁藏布江水系。黄河水系和珠江水系也有较大的水能蕴藏量。目前，已开发利用的地区，集中在长江、黄河和珠江的上游。

任务六　土地资源

中国土地资源有四个基本特点：绝对数量大，人均占有少；类型复杂多样，耕地比重小；利用情况复杂，生产力地区差异明显；地区分布不均，保护和开发问题突出。

1.绝对数量大，人均占有少

中国国土面积960万平方千米，海域面积473万平方千米。国土面积，居世界第3位，但按人均占土地资源论，在面积位居世界前12位的国家中，中国居第11位。按利用类型区分的中国各类土地资源也都具有绝对数量大、人均占有量少的特点。

2.类型复杂多样，耕地比重小

中国地形、气候十分复杂，土地类型复杂多样，为农、林、牧、副、渔多种经营和全面发展提供了有利条件。但也要看到，有些土地类型难以开发利用。例如，中国沙质荒漠、戈壁合占国土总面积的12%以上，改造、利用的难度很大。而对中国农业生产至关重要的耕地，所占的比重仅10%多些。

3.利用情况复杂，生产力地区差异明显

土地资源的开发利用是一个长期的历史过程。由于中国自然条件的复杂性和各地历史发展过程的特殊性，中国土地资源利用的情况极为复杂。例如，在广阔的东北平原上，汉民族多利用耕地种植高粱、玉米等杂粮，而朝鲜族则多种植水稻。山东的农民种植花生经验丰富，产量较高，河南、湖北的农民则种植芝麻且收益较好。在相近的自然条件下，太湖流域、珠江三角洲、四川盆地的部分地区就形成了全国性的桑蚕饲养中心等等。

不同的利用方式，土地资源开发的程度也会有所不同，土地的生产力水平会有明显差别。例如，在同样的亚热带山区，经营茶园、果园、经济林木会有较高的经济效益和社会效益，而任凭林木自然生长，无计划地加以砍伐，不仅经济效益较低，而且还会使土地资源遭受破坏。

4.分布不均，保护和开发问题突出

这里所说的分布不均，主要指两个方面：其一，具体土地资源类型分布不均。如有限的耕地主要集中在中国东部季风区的平原地区，草原资源多分布在内蒙古高原的东部等。其二，人均占有土地资源分布不均。

不同地区的土地资源，面临着不同的问题。中国林地少，森林资源不足。可是，在东北林区力争采育平衡的同时，西南林区却面临过熟林比重大、林木资源浪费的问题。中国广阔的草原资源利用不充分，畜牧业生产水平不高，然而，在局部草原又面临过度放牧、草场退化的问题。

任务七　生物资源

1.植物资源

中国幅员广阔，地形复杂，气候多样，植被种类丰富，分布错综复杂。在东部季风区，有热带雨林，热带季雨林，中、南亚热带常绿阔叶林，北亚热带落叶阔叶常绿阔叶混交林，温带落叶阔叶林，寒温带针叶林，以及亚高山针叶林、温带森林草原等植被类型。在西北部和青藏高原地区，有干草原、半荒漠草原灌丛、干荒漠草原灌丛、高原寒漠、高山草原草甸灌丛等植被类型。植物种类多，据统计，有种子植物300个科、2980个属、24600个种。其中被子植物2946属（占世界被子植物总属的23.6%）。比较古老的植物，约占世界总属的62%。有些植物，如水杉、银杏等，世界上其他地区现代已经绝灭，都是残存于中国的“活化石”。种子植物兼有寒、温、热三带的植物，种类比全欧洲多得多。此外，还有丰富多彩的栽培植物。从用途来说，有用材林木1000多种，药用植物4000多种，果品植物300多种，纤维植物500多种，淀粉植物300多种，油脂植物600多种，蔬菜植物也不下80余种。这些情况，使中国成为世界上植物资源最丰富的国家之一。

2.动物资源

中国是世界上动物资源最为丰富的国家之一。据统计，全国陆栖脊椎动物约有2070种，占世界陆栖脊椎动物的9.8%。其中鸟类1170多种、兽类400多种、两栖类184种，分别占世界同类动物的13.5%、11.3%和7.3%。在西起喜马拉雅山—横断山北部—秦岭山脉—伏牛山—淮河与长江间一线以北地区，以温带、寒温带动物群为主，属古北界，线南地区以热带性动物为主，属东洋界。其实，由于东部地区地势平坦，西部横断山南北走向，两界动物相互渗透混杂的现象比较明显。

任务八　矿产资源

中国幅员广大，地质条件多样，矿产资源丰富，矿产171种。已探明储量的有157种。其中钨、锑、稀土、钼、钒和钛等的探明储量居世界首位。煤、铁、铅、锌、铜、银、汞、锡、镍、磷灰石、石棉等的储量均居世界前列。

中国矿产资源分布的主要特点是地区分布不均匀。如铁主要分布于辽宁、冀东和川西，西北很少；煤主要分布在华北、西北、东北和西南区，其中山西、内蒙古、新疆等省区最集中，而东南沿海各省则很少。这种分布不均匀的状况，使一些矿产具有相当的集中，如钨矿，在19个省区均有分布，储量主要集中在湘东南、赣南、粤北、闽西和桂东—桂中，虽有利于大规模开采，但也给运输带来了很大压力。为使分布不均的资源在全国范围内有效地调配使用，就需要加强交通运输建设。

任务九　生态环境问题

11月13日，据国家环保总局最新发布的《2005年中国环境状况公报》显示，中国水土流失面积达356万平方千米，占国土总面积的37.1%，全国因水土流失每年流失土壤50亿吨。中国水土流失主要分布在山区、丘陵区和风沙区，特别是大江大河中上游地区；在所有水土流失面积中，水力侵蚀面积165万平方千米，风力侵蚀面积191万平方千米。

与此同时，人为等因素造成耕地减少的问题也较为突出。2005年全国共有耕地12208.27万公顷，比上年净减少36.16万公顷，其中仅建设占用耕地就达13.87万公顷。而1998年至2005年全国耕地面积共减少了760万公顷，其中建设占用耕地141.78万公顷，但同期通过土地整理复垦，共增加有效耕地面积213.17万公顷。

此外，环保总局最近发布的《国家农村小康环保行动计划》显示，由于一些地区长期过量使用化学肥料、农药、农膜以及污水灌溉，土壤污染的总体形势相当严峻。据不完全调查，目前全国受污染的耕地约有1.5亿亩，占耕地总面积的1/10以上，多数集中在经济较发达地区。

目前，环保总局正在加紧做好土壤污染防治工作，开展污染土壤修复与综合治理试点示范，以保障土壤环境安全。

任务十　自然区划

在中国辽阔的大地上，由于各地的地理位置、自然条件的差异，人文、经济方面也各有特点，全国可分为东部季风区、西北干旱半干旱区、青藏高寒区三个自然区。其中东部季风区由于南北纬度差别较大，以秦岭—淮河为界，又分为北方地区和南方地区。因此全国可分为北方地区、南方地区、西北地区、青藏地区四大部分。

1.北方地区

北方地区是指中国东部季风区的北部，主要是秦岭—淮河一线以北，大兴安岭、乌鞘岭以东的地区，东临渤海和黄海。包括东北三省、黄河中下游五省二市的全部或大部分，以及甘肃东南部，内蒙古、江苏、安徽北部。面积约占全国的20%，人口约占全国的40%，其中汉族占绝大多数，少数民族中人口较多的，有居住在东北的满族、朝鲜族等。

2.南方地区

南方地区是指中国东部季风区的南部，主要是秦岭—淮河一线以南的地区，西面为青藏高原，东与南面临东海和南海，大陆海岸线长度约占全国的2/3以上。本区的范围包括长江中下游六省一市，南部沿海和西南四省、市大部分地区。面积约占全国的25%，人口约占全国的55%，汉族占大多数。区内的少数民族有30多个，其人数5000多万，主要分布在桂、云、贵、川、湘、琼等地，人数较多的为壮、苗、彝、土家、布依、侗、白、哈尼、傣、黎等族。

3.西北地区

西北地区深居内陆，位于大兴安岭以西，昆仑山—阿尔金山—祁连山和长城以北，包括内蒙古自治区、新疆维吾尔自治区、宁夏回族自治区和甘肃省的西北部。这一地区国境线漫长，与俄罗斯、蒙古、哈萨克斯坦等国相邻。本区面积广大，约占全国面积的30%，人口约占全国的4%，是地广人稀的地区。西北地区是中国少数民族聚居地区之一，少数民族人口约占总人口的1/3，主要有蒙古族、回族、维吾尔族、哈萨克族等。

4.青藏地区

青藏地区位于中国西南部，横断山脉以西，喜马拉雅山以北，昆仑山和阿尔金山、祁连山以南，包括青海、西藏和四川西部。面积约占全国的25%，人口不足全国的1%。这里是藏族聚居的地区。西藏自治区同缅甸、印度、不丹、尼泊尔等国相邻。

项目十一　地球的起源和演化

150亿年前宇宙的诞生奠定了地球产生的物质基础。地球作为一个行星起源于46亿年以前的原始太阳星云。

此后，地球系统由简单到复杂，各个组成部分既相互联系又相互影响。地球系统的运动及运动带来的形貌变迁、生命现象和生命活动共同构成了地球的历史。

任务一　地球起源

一、太阳系的形成

关于太阳系的形成，一类认为太阳系是一次激烈的偶然突变而产生的，即灾变说观点；另一类则认为太阳系是有条不紊地逐渐演变成的，即演化说观点。

1755年，德国哲学家康德根据牛顿的万有引力原理，提出一个太阳系形成的假说，认为太阳系中的太阳、行星和卫星等是由星云——一种稀薄的云雾状微粒物质逐渐演化形成的。1796年，法国天文学家拉普拉斯也提出了与康德类似的星云说，后人常把两者合起来，统称“康德—拉普拉斯星云说”。这个假说在19世纪的大部分时间内占统治地位。

星云说认为：恒星的形成是银河弥漫的原始星云的某一个球状碎片，在自身引力的作用下不断收缩，产生旋涡，旋涡使星云碎裂成大量碎片，每个碎片又逐渐转化为恒星。太阳就是其中之一，它也不断收缩、旋转，在长期的运动中形成原始太阳。周围的物体不断聚合、碰撞，越转越大，就形成了今天的八大行星。行星周围的物质，也是这样渐渐形成了卫星。这就是太阳系形成的一个主要假说。

唯心主义认为，地球和整个宇宙都是依神或上帝的意思创造出来的。18世纪爱尔兰一个大主教公开宣称："地球是纪元前4004年10月23日一个星期天的上午9时整被上帝创造出来的。"在中国古代，人们认为远古的时候还没有天地，宇宙间只有一团气，在一万八千年前，有位盘古氏开天辟地，才有了日月星辰和大地。

康德和拉普拉斯他们认为太阳系是由一个庞大的旋转着的原始星云形成的。原始星云是由气体和固体微粒组成，它在自身引力作用下不断收缩。星云体中的大部分物质聚集成质量很大的原始太阳。

与此同时，环绕在原始太阳周围的稀疏物质微粒旋转的加快，便向原始太阳的赤道面集中，密度逐渐增大，在物质微粒间相互碰撞和吸引的作用下渐渐形成团块，大团块再吸引小团块就形成了行星。行星周围的物质按同样的过程形成了卫星。这就是康德—拉普拉斯星云说。

关于地球和太阳系起源还有许多假说，如碰撞说、潮汐说、大爆炸宇宙说等等。自20世纪50年代以来，这些假说受到越来越多的人质疑，星云说又跃居统治地位。国内外的许多天文学家对地球和太阳系的起源不仅进行了一般理论上的定性分析，还定量地、较详细论述了行星的形成过程，他们都认为地球和太阳系的起源是原始星云演化的结果。

中国天文学家戴文赛认为，在50亿年之前，宇宙中有一个比太阳大几倍的大星云。这个大星云一方面在万有引力作用下逐渐收缩，另外在星云内部出现许多湍涡流。于是大星云逐渐碎裂为许多小星云，其中之一就是太阳系前身，称之为"原始星云"，也叫"太阳星云"。由于原始星云是在湍涡流中形成的，因此它一开始就不停地旋转。

原始星云在万有引力作用下继续收缩，同时旋转加快，形状变得越来越扁，逐渐在赤道面上形成一个"星云盘"。组成星云盘的物质可分为"土物质"、"水物质"、"气物质"。这些物质在万有引力作用下，又不断收缩和聚集，形成许多"星子"。星子又不断吸积、吞并，中心部分形成原始太阳，在原始太阳周围形成了"行星胎"。原始太阳和行星胎进一步演化，而形成太阳和九大行星，进而形成整个太阳系。

二、地球的形成

对地球起源和演化的问题进行系统的科学研究始于十八世纪中叶，至今已经提出过多种学说。一般认为地球作为一个行星，起源于46亿年以前的原始太阳星云。地球和其他行星一样，经历了吸积、碰撞这样一些共同的物理演化过程。

形成原始地球的物质主要是星云盘的原始物质，其组成主要是氢和氦，它们约占总质量的98%。此外，还有固体尘埃和太阳早期收缩演化阶段抛出的物质。在地球的形成过程中，由于物质的分化作用，不断有轻物质随氢和氦等挥发性物质分离出来，并被太阳光压和太阳抛出的物质带到太阳系的外部，因此，只有重物质或土物质凝聚起来逐渐形成了原始的地球，并演化为今天的地球。水星、金星和火星与地球一样，由于距离太阳较近，可能有类似的形成方式，它们保留了较多的重物质；而木星、土星等外行星，由于离太阳较远，至今还保留着较多的轻物质。关于形成原始地球的方式，尽管还存在很大的推测性，但大部分研究者的看法与戴文赛的结论一致，即在上述星云盘形成之后，由于引力的作用和引力的不稳定性，星云盘内的物质，包括尘埃层，因碰撞吸积，形成许多原小行星或称为星子，又经过逐渐演化，聚成行星，地球亦就在其中诞生了。根据估计，地球的形成所需时间约为1千万年至1亿年，离太阳较近的行星（类地行星），形成时间较短，离太阳越远的行星，形成时间越长，甚至可达数亿年。

任务二　地球早期的演化

一、形成初期的化学性变化

至于原始的地球到底是高温的还是低温的，科学家们也有不同的说法。从古老的地球起源学说出发，大多数人曾相信地球起初是一个熔融体，经过几十亿年的地质演化历程，至今地球仍保持着它的热量。现代研究的结果比较倾向地球低温起源的学说。地球的早期状态究竟是高温的还是低温的，目前还存在着争论。然而无论是高温起源说还是低温起源说，地球总体上经历了一个由热变冷的阶段，由于地球内部又含有热源，因此这种变冷过程是极其缓慢的，地球仍处于继续变冷的过程中。

地球在刚形成时，温度比较低，并无分层结构，后来由于陨石等物质的轰击、放射性衰变致热和原始地球的重力收缩，才使地球的温度逐渐升高，最后成为粘稠的熔融状态。在炽热的火球旋转和重力作用下，地球内部的物质开始分异。较重的物质渐渐地聚集到地球的中心部位，形成地核；较轻的物质则悬浮于地球的表层，形成地壳；介于两者之间的物质则构成了地幔。这样就具备了所谓的层圈结构。

在地球演化早期，原始大气都逃逸了。但随着物质的重新组合和分化，原先在地球内部的各种气体上升到地表成为新的大气层。由于地球内部温度的升高，使内部结晶水汽化。后来随着地表温度的逐渐下降，气态水经过凝结，积聚到一定程度后，又通过降雨重新落到地面，这种情况持续了很长一段时间，于是在地面上形成水圈。

最原始的地壳约在40亿年前出现，而地球以其地壳出现作为界线，地壳出现之前称为天文时期，地壳出现之后则进入地质时期。

二、陆地的起源

有关大陆的起源问题，地质和地球物理学家杜托特（A. L. Du Toit）于1937年在他的《我们漂移的大陆》一书中提出了地球上曾存在两个原始大陆的模式。如果这个模式成立，那么这两个原始大陆分别被称为劳亚古陆（Lanrasia）和冈瓦纳古陆（Gondwanaland）；这实际上就像以前魏格纳等人所主张的那样，把全球大陆只拼合为一个古大陆。杜托特认为，两个原始大陆原来是在靠近地球两极处形成的，其中劳亚古陆在北，冈瓦纳古陆在南，在它们形成以后，便逐渐发生破裂，并漂移到今天大陆块体的位置。

早在19世纪末，地质家学休斯（E. Suess）已认识到地球南半球各大陆的地质构造非常相似，并将其合并成一个古大陆进行研究，并称其为冈瓦纳古陆，这个名称源于印度东中部的一个标准地层区名称（Gondwana）。冈瓦纳古陆包括现今的南美洲、非洲、马达加斯加岛、阿拉伯半岛、印度半岛、斯里兰卡岛、南极洲、澳大利亚和新西兰。它们均形成于相同的地质年代，岩层中都存在同种的植物化石，被称为冈瓦纳岩石。杜托特用以证明劳亚古陆和冈瓦纳古陆的存在和漂移的主要证据，是来自地质学、古生物学和古气候学方面。

根据三十多年中积累起来的资料，有力地证明冈瓦纳古陆的理论基本上是正确的。

劳亚古陆是欧洲、亚洲和北美洲的结合体，这些陆块即使在现在还没有离散得很远。劳亚古陆有着很复杂的形成和演化历史，它主要由几个古老的陆块合并而成，其中包括古北美陆块、古欧洲陆块、古西伯利亚陆块和古中国陆块。在晚古生代（距今约3亿年前）这些古陆块逐步靠拢并碰撞，大致在石炭纪早中期至二叠纪（即2亿～2.7亿年前）才逐步闭合。古地质、古气候和古生物资料表明，劳亚古陆在石炭～二叠纪时期位于中、低纬度带。在中生代以后（即最近的1亿～2亿年间）劳亚大陆又逐步破裂解体，从而导致北大西洋扩张形成。研究表明，全球新的造山地带的形成和分布，都是劳亚古陆和冈瓦纳古陆破裂和漂移的构造结果。在这过程中，大陆岩块的不均匀向西运动和离极运动的规律十分明显。总的看来，劳亚古陆曾位于北半球的中高纬度带，冈瓦纳古陆则曾一度位于南半球的南极附近；这两个大陆之间由被称为古地中海（也称为特提斯地槽）的区域所分隔开。

在杜托特（1937年）提出劳亚古陆与冈瓦纳古陆理论之前，魏格纳（A.L. Wegener）早在1912年曾提出了地球上曾只有一个原始大陆存在的理论，称为联合古陆。魏格纳认为，它是在石炭纪时期（距今约2.2亿～2.7亿年前）形成的。魏格纳把联合古陆作为他描述大陆漂移的出发点。然而根据人们现在的认识，魏格纳所提出的联合古陆决不是一个原始的大陆。虽然仍有很大一部分人赞同联合古陆观点，但他们所作出的古大陆复原图与魏格纳所提出的复原图相比，已存在很大的差别，相反倒有些接近杜托特的两个古大陆分布的理论。

最近2亿年以来的大陆漂移和板块运动，已得到了确切证明和广泛的承认。然而有人推测，板块运动很可能早在30亿年前就已经开始了，而且不同地质时期的板块运动速度是不同的，大陆之间曾屡次碰撞和拼合，以及反复破裂和分离。大陆岩块的多次碰撞形成了褶皱山脉，并连接在一起形成新的大陆，而由大洋底扩张形成新的大洋盆地。因此，要准确复原出大陆在2亿多年前所谓的“漂移前的漂移”是十分困难的。地球已有46亿年历史，目前已经知道地球上最古老的岩石年龄为37亿年，并且分布的面积相当小。这样，从46亿年到37亿年间，约有9亿年的间隔完全缺失地质资料。此外，地球上25亿年前的地质记录也非常有限，这为研究地球早期的历史状况带来不少困难。

三、大洋的起源与演化

有关大洋的起源和演化研究从本世纪初才开始，在此之前一般认为大洋盆地是地球表面上永存的形态，也即大洋盆地自从贮水形成以来，其位置和分布格局是固定的。随着地球科学的发展，特别是本世纪初以魏格纳为首的大陆漂移这一革命性的学说的提出，对自最近的2亿多年以来大洋的起源和演化有了突破性的认识。

对于大陆漂移学说，并非一开始就得到许多人支持的，因为当时对引起大陆漂移的机制，即力源问题并没有很好解决。1931年，霍姆斯等人提出了地幔对流学说，用于解释大陆漂移的力源，然而这个观点在当时很少受到人们的注意。19世纪后期，有人建立了地球收缩的全球构造学说，用于解释地球上为什么会有如此大规模的造山运动。然而，20世纪50年代以后，随着全球性大洋中裂谷的巨大拉张性证据的发现，收缩学说被普遍放弃了，与此同时，地球膨胀学说很快流行起来。膨胀说认为，地球开始时很小，直径是现今地球的一半。由于地球大幅度膨胀，原始地壳裂开成为现在的大陆，裂开的地方经过不断发展成为现代的大洋盆地。并且，由于地球的大幅度膨胀引起的所谓大陆漂移，表明大陆块基本上是停留在原地的，即各大陆之间和大陆相对于地幔之间并没有发生过显著的移动。由于膨胀说无法解释大陆地壳上广泛发育的褶皱山脉构造特征是怎么形成的，霍姆斯等人的地幔对流说很快再次被重视。60年代初，随着洋底探测资料的迅速积累，赫斯（H.H. Hess）和迪茨（R. S. Dietz）首先把地幔对流方案发展为海底扩张的学说。赫斯在1962年发表了《大洋盆地的历史》一文，提出了大洋起源的新观点，即海底扩张理论。赫斯认为洋底的主要构造就是由地幔对流作用的直接表现。海底扩张理论证明，大陆和洋底是在对流着的地幔上被动地移动着，而不像早期的大陆漂移说所主张的大陆在洋底上主动漂移。海底扩张理论提出后不久，一些别的洋底观测结果，诸如洋底地壳构造、地磁、地震震源和地热流量分布等对这个理论提供了有力证据。这种情况下，使得大部分的学者都转向了关于海底扩张的研究。现在已经普遍确认，可以用海底扩张和板块运动理论解释大洋起源和演化，大洋盆地的固定论看来是过时了。海底扩张和板块构造学说对大洋的起源和演化的理论解释的基础都是地幔对流说。

现代研究证实，大洋最初是在大陆内部孕育的，并开始于大陆岩石圈中的裂谷。大陆在裂谷处破裂并相互分离，从而开始产生新的大洋盆地。魏格纳曾把南大西洋两对岸的吻合作为阐述大陆漂移说的出发点。事实上，把南美洲与非洲两大陆拼合到一起，不仅大陆边沿地形轮廓非常吻合，而且岩石类型和地质构造也可以对接起来。现已证明，大西洋在二叠纪（2.5亿年前）时还根本不存在，据估计，形成中大西洋的大陆裂谷发生在稍后的三叠纪（约1.6亿～1.9亿年前）。至侏罗纪末期（约1.2亿年前），中大西洋可能已张开达1000千米的宽度；南大西洋的张开大约开始于早白垩纪（约1.2亿年前），而最初的裂谷发生在晚侏罗纪（约1.3亿年前）；北大西洋张开最晚，大约开始于第三纪初（约6000万～7000万年前），与此同时，由北大西洋裂谷向东北延展而伸入格陵兰与欧洲之间，挪威海随之张裂开。从6000万年到2000万年前，挪威海、巴芬海和北大西洋主体都在扩张，但速率和方向均有些变化。综上所述，现今的那些广阔的大洋盆地并不是从来如此，而是长期的地球运动和演化的结果。大洋由狭窄海湾到宽阔盆地的发展，是通过持续发生的大规模海底扩张过程实现的。海底扩张和板块运动的动力都是地幔对流。

由于地球原始地壳自从形成以来，从来没有停止过大规模的地质构造形态的运动。因此，可以肯定地说，现在地球上大洋和陆地的形态，就是过去数十亿年来大规模地壳运动的结果。

任务三　早期生物历史

一、生物的出现

古生物学家迄今发现的远古生物历史可追溯至6.35亿年前的欧巴宾海蝎，这些地球最早期生物的生活方式非常像现今的海绵，根部扎在海底，过滤水中的食物颗粒。

化石记载地球上最早在大约35亿年前出现生命。有专家提出，但是地球上的生命是如何出现的仍是科学界未解决的谜题之一。

根据查尔斯•达尔文1871年的推测，早期生命可能开始于一个温暖的小池塘中，但是另外一些科学家则认为早期生命可能存在于矿产资源较为丰富的水域环境中，比如温度较高的热液喷涌，但是最近一组科学家提出另一种理论，认为生命可能起源于非常寒冷的地方，一些偶发事件促进了无机环境中形成有机物质。

有专家提出，随着地球逐渐冷却，简单的有机化合物（单分子物）渐渐形成，混合后形成较为复杂的混合物（聚合物）。后来，洋流把这些大个的微粒汇聚到海岸和深海温泉等“热点地区”，它们可能最终形成了首批原始细胞。也有证据证明，首批细胞复制使用的是核糖核酸（RNA），而不是脱氧核糖核酸（DNA），而DNA复制是在经历了非常漫长的进化后才出现的。

也有理论认为生物出现在外星球。

二、寒武纪生命大爆发

1909年，美国古生物学家、史密森学会秘书查尔斯•沃尔科特（Charles Walcott）在加拿大不列颠哥伦比亚省的伯吉斯山口发现了伯吉斯页岩石，岩石块中含有化学记录历史上许多重要动物群中已知最古老的例证。（见图11-1）

沃尔科特的研究发现为所谓的寒武纪生命大爆发（Cambrian Explosion）提供了进一步的证据。寒武纪生命大爆发被称为古生物学和地质学上的一大悬案，在寒武纪（距今约5.42亿～4.9亿年前）的化石记录中，地球上突然涌现出各种各样的结构复杂的动物。虽然伯吉斯页岩中以前从未记录过如此规模的复杂动物，但古生物学家对三叶虫和寒武纪其他动物的存在并不陌生，这让查尔斯•达尔文困惑不已。

图 11-1　狄更逊水母化石，发现于澳大利亚埃迪卡拉山

寒武纪生命大爆发对科学家提出的挑战是，在达尔文所处的年代及其以后多年，在寒武纪岩层以下年代更久远的岩层中，并没有发现动物化石。对于达尔文的进化论来说，这是一个极为不安的事实，因为在化石记录中，结构简单的动物形式应该在结构复杂的动物形式之前出现。

在《物种起源》中，达尔文提出了这样的主张：“在这些跨度如此之大但却鲜为人知的时期，地球上遍布着活的生物。”但他坦言，“对于我们为什么没有发现这些原始时期的化石记录的问题，我不能给出一个令人满意的答案。”

三、奥陶纪（5.1亿～4.38亿年前）

奥陶纪开始于距今5亿年前。藻类变化不大，三叶虫数量仍居首位。此时其他无脊椎动物数量和种类都超过了寒武纪。最常见的有珊瑚、腕足类、腹足类、海百合和鹦鹉螺等。

奥陶纪时期的地球陆地变化不大，由于水生植物不断的光合作用。空气中氧气含量进一步增加。大致比珠峰顶部的氧气还少一点，广阔的海域，繁育着大量的各门类无脊椎动物，除寒武纪业已产生的外，某些类群还得到进一步的发展，如笔石、珊瑚、腕足、海百合、苔藓虫和软体动物等。

四、志留纪和泥盆纪（4.39亿～3.63亿年前）

在经历了漫长的演化之后，地球终于进入到由脊椎动物占主导地位的时期。鱼类成为当时的霸主。

3.67亿年前，巨大的流星划破夜空坠入大海，天空中电光闪闪。这时全球气候变干，温度下降。洋流以新的形式涡动，使海洋进一步降温，表层水的盐度更高，海洋中的含氧量下降到很低的水平。陨石的撞击可能还引起更多的气候变化。这一时期可能至少有3个或多至6个来自太空的巨大天体撞入海洋中，结果导致包括造礁动物、多种鱼类和腕足类等许多海洋生物绝灭。

泥盆纪晚期，由于地球气候变得恶劣起来，湖沼干涸，盾皮鱼类绝种，许多种鱼也同样面临着威胁。在这漫长的年代中，总鳍鱼中的某些支很好地适应了环境，它们依靠偶鳍、内鼻孔和鳔爬上陆地寻找水源和食物，久而久之，其中的一部分逐步演化为原始两栖类动物。

由于大气圈中氧气增多，在平流层形成能够吸收大部分紫外线的臭氧层，使地球表面除海水对生物起到庇护作用以外，又增加了一层保护层，从而为古生代植物的登陆创造了条件。最早的昆虫已经绝灭了，但昆虫是迄今居住在地球上的最成功的动物。它们是最早的陆生动物。热带雨林是生物最繁盛的地方，昆虫构成了其中动物和植物总重量的三分之一。坚固的外骨骼保护了小动物使其免受伤害，在干旱少雨的时候也能避免被干死。昆虫一次能产几百只，有时甚至几千只卵。即使在最危险或最恶劣的环境里卵也能够孵化长大，产生更多的昆虫。

在植物和昆虫为两栖类创造好条件的4000万年以后，两栖类才从水中爬上岸边，这里的植物和植食性动物为两栖类提供了充足的食物。因为没有更大的动物与之竞争，两栖类迅速扩散开来。在距今3.5亿年前的泥盆纪晚期，总鳍鱼的一支已进化成原始两栖类。其中主干为迷齿类，其次为壳椎类和滑体类。

五、石炭纪和两叠纪（约3.63亿～2.51亿年前）

石炭纪时期，气候潮湿，因而出现了新的奇特的森林，这是陆地上最早的森林。这些森林不像今天的沼泽森林那样茂密、黑暗，它们由木贼、厚层的蕨类植物和又高又细的树木组成。新的奇怪的动物在这奇特的景观中定居下来。各种形状和大小的两栖类动物在湿润的环境中繁盛起来，体形巨大的昆虫也是如此。

昆虫是最先掌握飞行技术的动物。爬行类、鸟类、哺乳类甚至鱼类都是在它们之后飞上天空的。飞行大大有利于躲避捕食者、征服新的领地和寻找新的食物来源。起初，昆虫可能跑、跳或从树上滑行下来，体型更有利于运动的昆虫常常存活下来，终于它们发育出翅膀。

任务四　爬行动物时代

到距今2.5亿年至6500万年前，生物史称为中生代，包括了地质史的三叠纪，侏罗纪和白垩纪。中生代生物界最大的特点是继续向适应陆生生活演化，裸子植物进化出花粉管，能进行体内受精，完全摆脱对水的依赖，更能适应陆生生活，形成茂密的森林。动物界中爬行动物也迅速发展，演化出种类繁多的恐龙，成为动物界霸主，占据了海、陆、空三大生态领域。

一、爬行类的进化（约2.5亿～2.05亿年前）

爬行动物包括大型肉食性动物，轻巧的捕猎动物，身披鳞甲、嘴巴像猪一样的植食性动物和像鳄鱼一样的食鱼动物，它们与最早的恐龙生活在一起。许多爬行动物比最早的恐龙大而且更常见，但这些爬行动物与恐龙都比最早的哺乳动物大得多；这一时期出现的哺乳动物长得都不比老鼠大。从脊椎动物的方面来说，三叠纪虽部分继承了古生代的生物成分，但更重要的新的生物类型出现。在脊椎动物中，除新出现龟鳖类外，更为重要的是槽齿类爬行动物的出现，并从它进化出鳄类、恐龙，以及后来的翼龙、鸟类等，为地球开创一个崭新的生物局面。武氏鳄、吐鲁番鳄均为早期槽齿类代表。不过，三叠纪最具进化意义的事件要算哺乳动物的出现，它是从一支基底爬行动物进化来的。当时它虽还弱小，但进步的构造特征预示它日后统治世界的强大的生命力。肯氏兽类是爬行动物向哺乳动物进行过程中的一旁支。

三叠纪早、中期植物的面貌，多为一些耐旱的类型。晚三叠世生长在沼泽中的木贼类、羊齿类相当繁茂，低丘缓坡则布有和现代相似的常绿树，如松、柏、苏铁等。盛产于古生代的主要植物群，几乎全部灭绝，种子蕨大部消失，柯达树类趋于衰减。

从大约3亿年前直到7000多万年以后的三叠纪时期恐龙刚刚兴起之前不久，异齿龙这样的动物是陆地上的统治者。

海中的爬行类怪物：2.35亿年前，爬行动物于三叠纪中期进入水中。它们的身体长到像鲸鱼那样巨大，并在随后的1.7亿年里统治海洋直至恐龙时代结束。最早的大型海洋爬行动物是幻龙类。它们的牙齿长而尖，适于捕捉鱼类，脚趾具蹼有助于划水。盾齿龙类生活于同一时期。这些海生爬行动物体长1.8米，体侧具甲。盾齿龙用大而平的牙齿压碎并摄食海底贝类。它的牙齿长在颌骨边缘和口腔顶部。

到了2亿年前，蛇颈龙类出现了。这些海生爬行动物尾巴短，前肢呈宽阔的桨状，大多数脖子很长。短颈的上龙类是所有蛇颈龙中最大的，体长12米，超过大型运货车。鱼龙也在这一时期出现，它长得更大，体长15米。它们在9000万年前谜一样地消失了。同样大小的沧龙是凶猛的海生爬行动物，以鱼为食，它们则存活到6500万年前恐龙时代结束。

二、恐龙的鼎盛（2.08亿～1.46亿年前）

侏罗纪是恐龙的鼎盛时期。当时除陆上的恐龙，水中的鱼龙外，翼龙和鸟类也相继出现了。这样，脊椎动物便首次占据了陆、海、空三大生态领域。侏罗纪的龟类已至繁盛，中国龟、天府龟是其当时代表。恐龙主宰大地。在超过5500万年的时间内，它们发展成为植食性和肉食性恐龙，小的像鸡那么大，大的像座高楼。同时，地球上单一的大陆分解为两个大陆，植物和气候变得更加多样。但地球上仍然很温暖，而且没有草或开花植物。恐龙时代的鸟类化石稀少，但始祖鸟显示出许多肉食性恐龙的特征，因而大多数科学家认为它是由恐龙进化而来的。

三、恐龙最后的繁盛（约1.46亿～6500万年前）

白垩纪是中生代最后一个时期，恐龙仍繁盛，并进化出恐龙的最后一支——角龙。但到白垩纪末期，由于环境的突变，所有恐龙，以及鱼龙和翼龙，统统都绝灭了。称雄一时的爬行动物至此一蹶不振，退出历史舞台，闯过此关而且残留至今的只有鳄类、龟鳖类、蛇和蜥蜴等少数几类。鸟类是脊椎动物向空中发展取得最大成功的一支。鸟类起源于爬行动物的槽齿类。不少人已更进一步认为鸟类是恐龙的后裔。世界上最早的鸟类是发现于德国的始祖鸟。迄今为止只发现七件骨骼标本。这一鸟类除身披羽毛外，其余特征和一些小型恐龙十分相似。因此，这一距今1.4亿年（晚侏罗世纪）的鸟类也是最原始的鸟类。早白垩世（距今1.3亿年左右）是鸟类首次蓬勃发展的时期。中国辽宁发现的鸟类化石是这一时期世界是最为丰富、保存最完整、种类最多的鸟类。这一时期，鸟类个头较小，飞行能力及树栖能力比始祖鸟大大提高。

白垩纪是恐龙生活的最后一个纪，也是地球景观发生巨大变化的时期。在海面达到创纪录的高度后，各个大陆的形状与今天的非常相似。开花植物出现，许多昆虫——从蜜蜂到蚂蚁——也出现了。巨型蜥蜴与巨大的海龟一起在海洋里游泳。在空中，翼龙展开双翼达12米。陆地上，恐龙占统治地位，其大小和形状超出了以前的所有类型。植食性恐龙长到100吨重，肉食性恐龙的体长达到12米以上。

哺乳动物在恐龙时代自始至终都存在。数百万年中，它们都是原始而渺小的。其中一些可能产蛋。白垩纪时哺乳动物开始发生变化。

将近7000万年前，哺乳动物分化成两个主要类群。一类是有胎盘类哺乳动物，它们的初生幼崽发育完好。另一个哺乳动物类群是有袋类，它们生出很小的幼崽，幼崽爬进母亲的育儿袋中吃奶。这两个类群今天仍然存在，但它们的早期种类很久以前就绝灭了。恐龙时代晚期的有胎盘类哺乳动物中包括了最早的灵长类。猴子、类人猿和人是今天的灵长类。但最早的灵长类是老鼠一样大小的动物，如珀加图里猴。科学家可以根据臼齿分辨出灵长类，这些牙齿看起来很像现代灵长类后部的牙齿。珀加图里猴是最早的灵长类之一。长约10厘米，可能以昆虫为食。

四、白垩纪绝灭事件

6500万年前，恐龙从陆地上消失了，海洋和空中的许多其他类型的动物也消失了，包括巨型海生爬行动物和会飞的爬行动物。科学家提出许多种理论来解释恐龙的灭绝。较为流行的结论是：一颗巨大的小行星撞击了墨西哥湾。这次撞击产生的巨大海啸横扫地球，并引发多处大火。烟尘遮天蔽日，使天空变暗，并阻挡阳光，使地球变冷。火山爆发也可能产生同样的结果。许多动物无法适应天气变化。但是，鸟类、哺乳动物、鳄鱼以及许多其他动物幸存下来。

这一假说的证据还来自于在世界各地发现的6500万年前的沉积物中存在的一种氨基酸。这种氨基酸含有大量的铱元素，大量地存在于某些天体里，在地球上却根本不应该存在。这层富含铱元素的地层在北美洲、欧洲和澳大利亚的许多地区都被先后发现，在我国西藏的冈巴地区几年前也发现了这层含铱层。有的科学家认为，这次爆炸使所有恐龙都灭绝了。但是也有一些科学家认为，只有70%的恐龙在当时灭绝，其他的一些恐龙种类则勉强地躲过了劫难，可是在随后的几百万年里又逐渐绝灭了。这后一种说法并不是没有道理，因为在6500万年前的这次事件以后形成的地层里，仍有一些恐龙骨骼被发现。例如，美国新墨西哥州6000万年前上下的地层中就曾经发现了恐龙的残骸。在阿拉斯加新生代的冻土带里，也发现过三角龙的化石。这些现象似乎说明，在这次小行星撞击地球引起的大爆炸以后，仍然有一些恐龙挣扎着生活了几百万年的时间，最后才因为不适应新的气候和新的环境而最终相继灭绝。

任务五　哺乳动物时代

第三纪始于距今6500万年，延至距今约180万年。第三纪的重要生物类别是被子植物、哺乳动物、鸟类、真骨鱼类、双壳类、腹足类、有孔虫等，这与中生代的生物界面貌迥异，标志着“现代生物时代”的来临。第三纪时被子植物极度繁盛。除松柏类尚占重要地位外其余的裸子植物均趋衰退。蕨类植物也大大减少且分布多限于温暖地区。第三纪的植物有明显的分区现象，地层中还有许多微体水生藻类化石。脊椎动物的变化主要表现在爬行动物的衰亡，哺乳类、鸟类和真骨鱼类取而代之，兴起且高度繁盛。第三纪的早期，仍生活着古老、原始的哺乳动物；到了中期，现代哺乳动物的祖先先后出现，逐渐代替了古老、原始的哺乳动物；第三纪晚期，现代哺乳动物群逐渐形成，更是偶蹄类和长鼻类繁盛的时期。尤其马的进化很快。

中生代末，海生无脊椎动物有明显的兴衰现象。盛极一时的菊石类完全绝灭，箭石类极度衰退，而双壳类、腹足类、有孔虫、六射珊瑚、海胆、苔藓虫等则进一步繁盛。第三纪出现的有孔虫分布广泛、进化迅速，对于海相第三系的划分与对比很有意义。此外，它们的生态分带已应用于确定沉积盆地水深的变化。原生动物中的放射虫在第三纪也十分繁盛，在深海研究中占有突出地位。双壳类在第三纪有很大发展，腹足类在第三纪进入极盛期。

陆生的无脊椎动物以双壳类、腹足类、介形类为主，可以根据它们不同时期组合面貌的变化，进行陆相第三系的划分。

任务六　人类时代

约5000多万年前，灵长类动物呈辐射状演化，从低等灵长类动物原猴类中又分化出高等灵长类动物。

3300万～2400万年前，产生了猿。埃及发现的最早的古猿原上猿和埃及猿已经具有类人猿的一些性状；稍晚后的古猿化石还有森林古猿分布范围较广，在亚洲、欧洲、非洲均有所发现。东非的原康修尔猿已经是一种猿，是人类和非洲猿的祖先。以上古猿均为林栖动物，四肢行走，属于攀树的猿群。现存的猿中包括两个类群，非洲猿（大猩猩、黑猩猩和人类）和亚洲猿（长臂猿和猩猩），这两个类群之间存在着明显的界限，显然，二者的分化发生在1200万～1500万年前。

在约1000万年前至约380万或200多万年前，有两种过渡时期的化石代表。一种是腊玛古猿，一种是南方古猿。

最初的人类在人类学中被称为“完全形成的人”。我国古人类学者把这一进程分作猿人和智人两大阶段，每段再分为早晚两个时期。250万年前，热带非洲的气候开始恶化，冰期从北半球袭来。随着气候越来越干旱，稀树大草原开始逐渐变为灌木大草原，大多数南方古猿消失。有两个例外，一种情况是，某些地区稀树大草原保留下来，那里的南方古猿得以生存下去，比如南方古猿能人种和两种粗壮种。更重要的一种情况是某些南方古猿群体利用自己的聪明才智发明了一些成功的防卫机制而生存下来，对于这些防卫机制人们只能去猜测，可能会扔石头，或者使用有木头和其他植物材料制成的原始武器，有可能露宿野外篝火旁。事实上正是这些南方古猿的后裔生存下来并繁荣起来，最终进化成人属，从树上栖息双足行走转变为陆地生活并双足行走，如图11-2所示。

图 11-2　早期人类想象图

地球科学概论实验

实验一　矿物的形态和物理性质的认识

一、实验目的

（一）通过对矿物标本的观察，认识矿物的常见单体形态和集合体形态。

（二）通过观察矿物标本，了解和掌握矿物的物理性质和鉴定方法，为以后鉴定矿物打下基础。

二、实验内容

（一）矿物的形态

1.矿物的单体形态

（1）一向延长：水晶、辉锑矿、绿柱石。（2）二向延长：黑钨矿、重晶石、白云母。（3）三向延长：黄铁矿、方铅矿、萤石。

2.矿物的集合体形态

（1）晶簇状：石英晶簇。

（2）粒状集合体：块状黄铁矿、块状磁铁矿。

（3）鳞片状：辉钼矿、石墨。

（4）纤维状：石膏。

（5）放射状；辉锑矿。

（6）结核状：结核状褐铁矿、鲕状赤铁矿。

（7）钟乳状：钟乳状方解石、肾状赤铁矿、葡萄状硬锰矿。

（8）土状高岭土，土状铝土矿。

（二）矿物的物理性质

1.颜色

（1）自色：磁铁矿为黑色，黄铁矿为黄色，方铅矿为铅灰色，赤铁矿为红色，孔雀石为绿色，褐铁矿为黄褐色，斑铜矿为古铜色。

（2）他色：石英混入杂质后程黑、紫、玫瑰色等各种颜色。

（3）假色：斑铜矿表面氧化后呈蓝色或紫色。

2.条痕

磁铁矿为黑色，黄铁矿为绿黑色，赤铁矿为樱红色。

3.光泽

（1）金属光泽：方铅矿、黄铜矿、辉锑矿。

（2）半金属光泽：磁铁矿、赤铁矿。

（3）非金属光泽：细分为金刚光泽，如闪锌矿、锡石，玻璃光泽如石英（石英晶面上），油脂光泽如石英断面上的光泽，丝绢光泽如石膏，珍珠光泽如白云母，蜡状光泽如蛇纹石，土状光泽如高岭石。

4.透明度

（1）透明矿物：无色水晶，透明方解石（亦称冰洲石），萤石，云母。

（2）半透明矿物：浅色闪锌矿，辰砂，黑云母。

（3）不透明矿物：黄铁矿，磁铁矿，石墨。

5.硬度

（1）熟记硬度计中的十种矿物的硬度次序：滑石、石膏、方解、石萤石、磷灰石、正长石、石英、黄晶、刚玉、金刚石。

（2）实验标本有：黄铁矿、磁铁矿、赤铁矿、黄铜矿、方铅矿、石墨、石英。

6.解理

（1）极完全解理：云母。

（2）完全理解：方解石、方铅矿。

（3）中等理解：长石。

（4）不完全解理：磷灰石。

7.断口

（1）贝壳状断口：石英、蛋白石。

（2）参差状断口：黄铁矿。

（3）土状断口：高岭石。

8.比重

（1）小比重矿物（轻矿物）：石盐、蛋白石。

（2）中比重矿物：石英，长石，白云石。

（3）大比重矿物（重矿物）：方铅矿，黑钨矿。

9.其他性质

（1）磁性：磁铁矿，磁黄铁矿，铬铁矿。

（2）导电性：自然铜、辉铜矿、石墨是良导体；白云母、石棉是不良导体（即绝缘体）。

（3）发光性：白钨矿、萤石。

三、实验方法和步骤

1.形态、颜色、光泽、透明度和断口结合具体标本以观察为主。

2.条痕、硬度、解理等除仔细观察外，还应按照指定方法进行实际操作。

四、注意事项

1.当观察矿物的颜色，光泽时要在矿物的新鲜面上进行。

2.对于细小微粒的矿物当刻画其硬度或条痕时，都要在单矿物颗粒上进行。

3.用以观察形态、光泽、颜色等矿物标本，严禁敲打、刻画、撕裂。

实验二　常见矿物的肉眼鉴定

一、实验目的要求

（一）掌握用肉眼鉴定矿物的方法。

（二）熟悉掌握常见矿物的形态特征及物理性质特征，并据此鉴别矿物。

（三）为鉴定岩石打下基础。

二、实验内容

鉴定下列矿物：

1.自然元素：石墨（或自然铜、自然金）。

2.硫化物：辉铜矿、黄铜矿、斑铜矿、毒砂、方铅矿、闪锌矿、黄铁矿、磁黄铁矿、镍黄铁矿、辉钼矿、辉锑矿、辰砂。

3.卤化物：萤石。

4.氧化物：赤铁矿、磁铁矿、软锰矿、锡石、石英 、铬铁矿、钛铁矿。

5.氢氧化物：硬锰矿、铝土矿、褐铁矿。

6.碳酸盐：方解石、白云石、孔雀石、蓝铜矿、菱铁矿。

7.硫酸盐：重晶石。

8.硅酸盐：橄榄石、石榴子、石透辉石、绿帘石、普通辉石、普通角闪石、绿泥石、斜长石、正长石、绿柱石、蛇纹石、高岭石、云母。

9.磷酸盐：磷灰石。

10.钨酸盐：黑钨矿、白钨矿。

三、实验方法

（一）用肉眼并借助一些简单的工具（小刀、放大镜、磁铁、条痕板等）和简单化学药品，来观察辨别矿物，对矿物进行鉴定。

（二）对照教材中“常见矿物肉眼鉴定特征表”对矿物标本仔细观察，找出矿物的主要鉴定特征，对相似矿物更要反复对比，找出差异，从而达到认识各个矿物。

四、注意事项

（一）“常见矿物肉眼鉴定特征表”中对矿物特征的描述是比较全面的，实验标本上不一定都能观察到，所以观察记录时要实事求是，根据实验标本上见到的特征进行记录，不能照抄鉴定表。

（二）做简单化学试验时，试液不要滴得太多，以免烧手。

五、实验报告

（一）重点描述下列矿物的主要鉴定特征、并填写报告

1.辉铜矿、黄铜矿、斑铜矿、方铅矿、闪锌矿、辉钼矿、辉锑矿、黄铁矿、磁黄铁矿、萤石。

2.赤铁矿、磁铁矿、褐铁矿、铝土矿、硬锰矿、菱铁矿、方解石、白

云石、石英。

3.橄榄石、石榴子石、普通辉石、普通角闪石、斜长石、正长石、云母、磷灰石、黑钨矿。

（二）比较下列矿物的异同点

1.黄铁矿与黄铜矿、石墨与辉钼矿。

2.普通辉石与普通角闪石。

实验三　岩浆岩

一、实验目的

通过对岩浆岩特征的认识加深对岩浆作用的了解。

二、实验步骤和要求

在老师指导下了解识别岩浆岩的一般方法，认识其矿物成分、结构、构造特点及与岩浆性质、形成条件之间的关系。

认真观察几种常见的岩浆岩，将观察结果填写在实验报告中。

三、实验内容

（一）重点与难点

岩浆岩的结构与构造。

岩浆岩的主要矿物成分。

（二）岩浆岩的基本特征

1.颜色

岩浆岩的颜色是指外表（新鲜面）显示的总体颜色，而不是指单个矿物的颜色。

色率：是指暗色矿物所占岩浆岩体积的百分含量。

2.岩浆岩的结构

岩浆岩的结构是指组成岩浆岩的矿物成分的结晶程度、颗粒大小、形态及其相互关系。

按结晶质和非晶质的相对含量，可分为：全晶质结构、玻璃质结构、半晶质结构。按矿物颗粒的绝对大小，可分为：

粗粒结构：>5毫米

中粒结构：5～1毫米

细粒结构：1～0.1毫米

隐晶质结构: <0.1毫米

按矿物颗粒的相对大小分为：

等粒结构

不等粒结构

斑状结构

似斑状结构

3.岩浆岩的构造

岩浆岩的构造是指岩石中不同矿物集合体之间或矿物集合体与其他部分之间的排列、充填与组合方式。

常见的岩浆岩构造有：

块状构造、斑杂构造、带状构造、流动构造、流纹构造、气孔构造、杏仁构造、晶洞构造。

4.岩浆岩的矿物成分

组成岩浆岩的矿物，常见的有20多种，其中最主要的是橄榄石、辉石、角闪石、黑云母、斜长石、钾长石和石英七种。

根据化学成分可分为：

铁镁矿物：橄榄石、辉石、角闪石、黑云母。

硅铝矿物：斜长石、钾长石、石英。

根据矿物在岩浆岩中的含量，可分为：主要矿物、次要矿物、副矿物。

四、实验报告

鉴定、描述9种常见的岩浆岩，并将结果填入实验报告。

橄榄岩、辉长岩、玄武岩、闪长岩、闪长玢岩、安山岩、花岗岩、流纹岩、黑曜岩。

实验四　沉积岩主要类型的肉眼鉴定

一、实验目的

通过对沉积岩特征的认识加深对沉积作用的了解。

二、实验步骤和要求

1.了解观察沉积岩的一般方法，掌握其矿物成分、结构、构造等特点。
2.认识和观察几种常见的沉积岩，将观察结果填写在实验报告中。

三、实验内容

（一）重点与难点

1.沉积岩的颜色描述。
2.认识沉积岩的结构、构造。
3.鉴定常见沉积岩的矿物成分。

（二）沉积岩的基本特征

1.沉积岩的颜色
沉积岩的颜色是指沉积岩外表的总体颜色，而不是指单个矿物的颜色。

根据成因可分为:原生色和次生色。

沉积岩的颜色命名方法：

（1）沉积岩的颜色比较单一时，命名就比较简单，如灰色、黑色等。

（2）沉积岩的颜色比较复杂时，可采用复合命名，如黄绿色等。

2.沉积岩的成分

沉积岩的成分是指组成沉积岩的物质成分，包括岩石和矿物。

沉积岩中常见的矿物有20多种。各类沉积岩中的矿物成分有较大差别：

（1）碎屑岩由碎屑颗粒（岩石碎屑和矿物碎屑）和胶结物组成。最主要的矿物碎屑有石英、长石和白云母等；常见的胶结物有碳酸盐、氧化硅、氧化铁和泥质等。

（2）泥质岩主要由黏土矿物（高岭石等）组成。

（3）化学及生物化学岩的矿物成分很多，常见的有铁、铝、锰、硅的氧化物、碳酸盐（方解石、白云石）、硫酸盐（石膏等）、磷酸盐及卤化物等。

（4）火山碎屑岩由火山碎屑（岩石碎屑、火山玻璃碎屑、矿物碎屑）和填隙的火山灰、火山尘组成。

3.沉积岩的结构

沉积岩的结构是指组成沉积岩的物质成分的结晶程度、颗粒大小、形状及其相互关系。

（1）碎屑结构：由各种碎屑物质和胶结物组成。

按碎屑颗粒粒径大小可分为：砾状结构、砂状结构、粉砂状结构。

（2）泥质结构：由各种黏土矿物组成。

（3）粒屑结构：由波浪和流水的作用形成的碳酸盐岩结构。包括：颗粒、泥晶基质、亮晶胶结物和孔隙四部分。如鲕状结构、竹叶状结构等。

（4）晶粒结构：全部由结晶颗粒组成的结构。

按晶粒大小可分为：粗晶、中晶、细晶及隐晶。

（5）生物结构：沉积岩中所含生物遗体或碎片达到90%以上。

（6）火山碎屑结构：岩石中火山碎屑物的含量达到90%以上。

根据碎屑粒径大小可分为：集块结构、火山角砾结构、凝灰结构。

4.沉积岩的构造

沉积岩的构造是指沉积岩中物质成分的空间分布及排列方式。

沉积岩的原生构造：在沉积物沉积及固结成岩过程中所形成的构造，包括层理和层面构造。

（1）层理：是沉积物沉积时形成的成层构造。层理由沉积物的成分、结构、颜色及层的厚度、形状等沿垂向的变化而显示出来。

按层的厚度，层理可分为：

块状层 >2米

厚层 2～0.5米

中层 0.5～0.1米

薄层 0.1～0.01米

微层 <0.01米

按细层的形态，层理有以下几种类型：

水平层理

波状层理

交错层理

粒序层理

块状层理

（2）层面构造：在岩层层面上所出现的各种不平坦的沉积构造的痕迹统称为层面构造。

层面构造主要有：

波痕：是由于风、流水或波浪等的作用，在砂质沉积物表面所形成的一种波状起伏现象，形似波纹。

常见的波痕类型有：对称波痕和不对称波痕。

泥裂：是未固结的沉积物露出水面，受到暴晒而干涸、收缩所产生的裂缝。

雨痕和雹痕。

晶体印模。

（3）结核：是一种在成分、结构、颜色等方面与周围岩石有显著差别的矿物集合体。如锰结核等。

四、实验报告

鉴定、描述以下12种常见的沉积岩，并将结果填入实验报告中。

砾岩、砂岩、火山角砾岩、凝灰岩、泥岩、页岩、石灰岩、鲕粒灰岩、生物灰岩、铁质岩、油页岩。

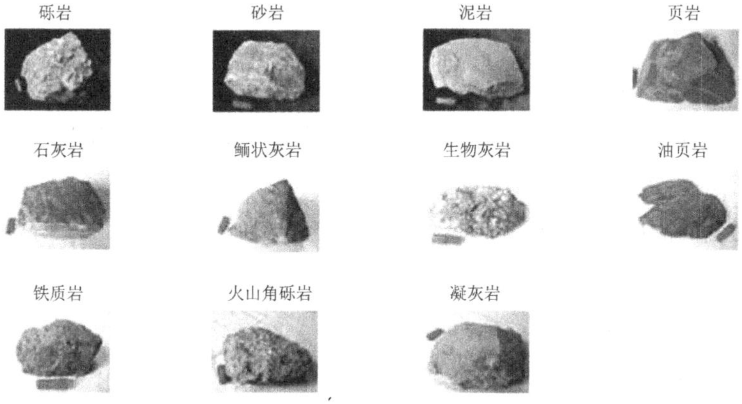

实验五　变质岩

一、实验目的

通过对变质岩特征的认识加深对变质作用的了解。

二、实验步骤和要求

了解观察变质岩的一般方法，掌握其矿物成分、结构、构造等特点。

认识和观察几种常见的变质岩，将观察结果填写在实验报告中。

三、实验内容

（一）重点与难点

1.什么是变质矿物？认识几种常见的变质矿物。

2.变质岩的结构、构造特征。

（二）变质岩的基本特征

1.变质岩的矿物成分

（1）变质矿物——变质作用形成的新矿物称为变质矿物，如红柱石、蓝晶石、石榴子石等。

（2）变质岩中有大量在岩浆岩或沉积岩中普遍存在的一些矿物，如石英、长石等。

2.变质岩的结构

（1）变晶结构：指原岩经变质过程中的结晶作用而形成的结构。

变晶结构按变晶粒径的绝对大小可分为：

粗粒变晶结构：>3毫米

中粒变晶结构：1～3毫米

细粒变晶结构：0.1～1毫米

显微变晶结构：<0.1毫米

变晶结构按变晶的相对大小分:

等粒变晶结构: 矿物粒径大致相等。

不等粒变晶结构: 矿物粒径不等，大小呈连续变化。

斑状变晶结构：矿物粒径可明显分为大小不同的两群，粗大者称变斑晶。

变晶结构按变晶的形态可分为：

粒状变晶结构：变晶为粒状物，如石英、长石、方解石等。

鳞片变晶结构：变晶为鳞片状矿物，如云母、绿泥石等。

纤维变晶结构：变晶为长条状、针状、纤维状矿物，如红柱石、硅灰石等。

（2）变余结构：岩石变质程度不深而残留的部分原岩结构。如变余泥质结构。

（3）变形结构：指动力变质作用形成的一类特殊结构。包括碎裂结构和糜棱结构。

3.变质岩的构造

（1）变余构造：指变质岩中残留的原岩的构造。如变余层理构造、变余气孔构造等。

（2）混合岩构造：在混合化过程中，由脉体和基体两部分相互作用所形成的构造。常见的有眼球状构造、条带状构造、肠状构造等。

（3）变成构造：指变质过程中所形成的构造。

变成构造的类型：

板状构造、千枚状构造、片状构造、片麻岩构造、块状构造。

4.变质作用类型及变质岩类型

（1）动力变质作用与动力变质岩: 构造角砾岩、碎裂岩、糜棱岩。

（2）区域变质作用与区域变质岩：板岩、千枚岩、片岩、片麻岩、石英岩、大理岩。

（3）混合岩化作用与混合岩：混合岩。

（4）接触变质作用与接触变质岩。

接触热变质作用：红柱石角岩、大理岩、石英岩。

接触交代变质作用：矽卡岩。

四、实验报告

鉴定、描述常见的9种变质岩，并将结果填入实验报告。

板岩、千枚岩、片岩、片麻岩、石英岩、大理岩、矽卡岩、红柱石角岩、糜棱岩。

板岩

千枚岩

片岩

片麻岩

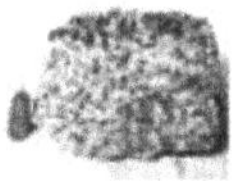

石英岩

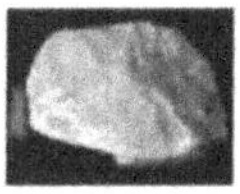

大理岩

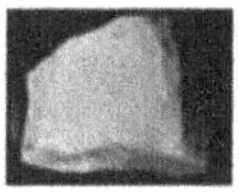

红柱石角岩

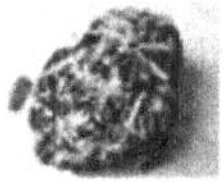

矽卡岩

糜棱岩

参考书目

1.汪新.地球科学概论[M].北京：地质出版社，1999.

2.杨桥.地球科学概论[M].北京：石油工业出版社，2004.

3.缪启龙.地球科学概论[M].北京：气象出版社，2001.

4.Dampier W.C..科学史及其与哲学和宗教的关系（重点阅读欧洲文艺复兴以前有关部分）[M].李珩译.北京：商务印书馆，1975.

5.Sagan C..宇宙[M].周秋麟，吴依俤等译.长春：吉林人民出版社，1998.

6.文赛.天体的演化[M].北京：科学出版社，1976.

7.中国科技大学天体物理研究室.今日天体物理[M].上海：上海科学技术出版社，1980.

8.Lyell C..地质学原理[M].徐书曼译.北京：科学出版社，1959.

9.尚玉昌.生态学及人类未来[M].北京：中国青年出版社，1989.

10.吴汝康.古人类学[M].北京：文物出版社，1989.

11.张昀.生物进化[M].北京：北京大学出版社，1998.

12.康育义.生命起源与进化[M].南京：南京大学出版社，1997.

13.Lane G..Life of the past[M]. Macmillan Publishing Company, New York, 1992.

14.殷鸿福，张文准，张志坚等.生物成矿系统论[M].武汉：中国地质大学出版社，1999.

15.Leakey R..人类的起源[M].吴汝康等译.上海：上海科学技术出版社，1995.

16.尚玉昌，蔡晓明.普通生态学[M].北京：北京大学出版社，2002.